多目标优化的
电力系统经济调度

陈光宇　著

中国电力出版社
CHINA ELECTRIC POWER PRESS

内 容 提 要

本书以电力系统经济调度为研究对象，从有功和无功两个角度研究了新能源接入背景下电网多目标经济调度问题，旨在对电力系统经济调度的研究和应用起到一定的推动作用。本书涵盖了电力系统有功和无功多目标调度建模及求解的诸多方面，首先介绍了电力系统经济调度建模的基本理论和基本技术，然后重点介绍了多目标有功动态经济调度模型和求解方法，并对多目标无功优化建模及参数智能辨识方法进行了详细阐述，最后介绍了新能源接入背景下的含交流潮流约束的多目标经济调度建模和求解。对于每个建模问题，都先介绍模型结构，再介绍建模方法，最后介绍算例或实例，用于加深读者的理解。

本书既可作为理工科院校电气工程及相关专业本科生和研究生学习教材，也可供电力系统调度或相关从业人员参考使用。

图书在版编目 (CIP) 数据

多目标优化的电力系统经济调度/陈光宇著．—北京：中国电力出版社，2024.2
ISBN 978 - 7 - 5198 - 7229 - 8

Ⅰ.①多⋯　Ⅱ.①陈⋯　Ⅲ.①电力系统调度—研究　Ⅳ.①TM73

中国版本图书馆 CIP 数据核字（2022）第 217222 号

出版发行：中国电力出版社
地　　址：北京市东城区北京站西街 19 号（邮政编码 100005）
网　　址：http://www.cepp.sgcc.com.cn
责任编辑：张　旻
责任校对：黄　蓓　王海南
装帧设计：郝晓燕
责任印制：吴　迪

印　　刷：北京天泽润科贸有限公司
版　　次：2022 年 12 月第一版
印　　次：2024 年 2 月北京第二次印刷
开　　本：787 毫米×1092 毫米　16 开本
印　　张：8
字　　数：199 千字
定　　价：35.00 元

前　　言

电力系统经济调度是电力系统运行与控制的重要一环，而有功和无功经济调度则是调度的核心业务，随着电网规模不断扩大，电力系统调度决策日渐复杂，传统电网的调度方式和控制方法正逐渐发生改变，现代电力系统调度更趋向于精细化、智能化和经济化。本书在分析传统经济调度模型的基础上，从电网运行多目标优化决策角度出发，研究了有功动态经济调度、无功优化精细化控制和参数智能辨识方法，以及考虑环境因素的多目标机组组合等问题，并就各类模型的求解方法进行了深入的探讨，是一本理论和实用性都较强的研究类书籍，可广泛应用于供电企业的调度及相关部门。

全书共分七章，第一章介绍了电力系统经济调度建模的基本概念和研究现状，第二章介绍了考虑阀点效应的动态经济调度方法，第三、四章分别重点介绍了考虑负荷波动特性的多目标无功优化精细化控制策略及求解方法、基于关联规则挖掘的无功优化参数智能辨识方法，第五章和第六章介绍了考虑风电接入且含交流潮流约束的多目标经济调度建模及模型求解方法。第七章对以上建模方法进行总结并对未来研究进行展望。对于每个建模和求解问题，坚持理论和实践相结合。

本书的研究工作得到了新能源与储能运行控制国家重点实验室开放基金（NYB51201901205）、江苏省产学研前瞻项目（BY2020415）、江苏省"六大人才高峰"创新人才团队（TD-XNY-004）、江苏省高校自然科学研究重大项目（17KJA470003）、江苏省配电网智能技术与装备协同创新中心开放基金项目（XTCX201712，XTCX202003）等资助。此外，张仰飞（教授）、郝思鹏（教授）、戴则梅（研究员级高级工程师）、闪鑫（研究员级高级工程师）、徐晓春（正高级工程师）、杨里（高级工程师）、林纲（高级工程师）等专家和学者也给本书提供了宝贵的意见和建议；研究生刘洪通、张子祥、杨锡勇、郑勇、邓湘、沈苏阳、姬铭泽、周龙麒、王泰程、武宝银、仇成志，本科生张玉卓、黎楚越、王睿祺、梁子怡、马致远等参加了部分内容的研究和编辑工作，你们的努力使得本书内容更加完善和细致，在此一并表示衷心的感谢！

由于作者水平有限，不足和疏漏之处在所难免，恳请有关专家、学者与广大读者和技术同仁批评指正。

陈光宇

2022 年 10 月

目　录

绪　　论

本书首先从有功经济调度出发，研究了有功动态经济调度模型及快速求解方法，其次从实际出发，研究了负荷波动导致控制不平滑问题的解决方法，接着从实用化角度，对传统无功优化控制中由于参数设置不合理而影响控制效果的问题进行研究，最后对新能源接入背景下带交流约束的多目标机组组合问题的建模和求解方法进行了研究。本书研究内容共分为七章，具体内容概述如下。

第一章介绍课题研究背景与意义，综述课题相关研究的国内外发展历程和存在的问题，并就当前研究热点和焦点进行总结。

第二章研究有功动态经济调度模型的高效求解方法。首先，应用基于多目标概念的约束处理方法来克服传统罚函数法处理约束时的缺陷；其次，采用一种基于动态搜索策略的改进差分进化算法求解模型，通过动态搜索策略结合正交交叉算子来提高算法的全局搜索能力；最后，提出一种根据机组调节能力按比例分摊约束违反量的不可行个体约束预处理策略，该策略能够减少不可行解的迭代次数，从而加速算法收敛。仿真结果表明本书算法相比其他算法，在计算结果、求解时间及鲁棒性上都具有一定优势，并且对不同模型具有较好的适应性。

第三章研究基于负荷波动特性的无功优化精细化控制方法。首先，提出一种无功优化精细化控制方法，用于缓解控制方案滞后导致的控制不平滑现象；其次，采用一种多目标无功优化松弛模型来改善预测控制中可能出现的电压越限和模型不收敛情况；最后，给出一种基于解集动态分析的多目标混沌差分进化算法，该算法能根据种群中可行解的比例动态分配搜索策略，提高多目标模型最优解集的求解效率。标准数据仿真结果表明，多目标优化算法在最优解集、外部解收敛性及解集的均匀性等方面都好于经典多目标算法；真实电网数据仿真表明，精细化控制方法相比传统方法，能减小电压偏差和网损，并提高优化收敛率。此外，本书还就部分参数的取值进行了分析，并给出了相应参数取值的建议范围。

第四章研究无功优化关键参数辨识方法。针对传统无功优化运行中关键参数设置过程烦琐且设置结果不合理的问题，提出一种基于数据关联挖掘的无功优化参数智能辨识框架。首先，给出一种基于斜率分段归并的曲线划分策略，用于对预测区间进行智能划分；其次，采用基于相邻斜率分段归并的标准化 ED - DTW 混合策略用于不同数据集之间相似距离的计算，为进一步实现挖掘计算打下基础；最后，给出一种基于改进模糊关联规则的快速挖掘算法，该算法通过引入部分定理对传统挖掘算法的支持度计算方法及候选集生成策略进行了改进，提高了挖掘效率。仿真采用实际电网数据进行分析，挖掘结果显示，提出的参数辨识框架能自动给出参数的时段划分和设置结果。挖掘结果用于实际控制后的结果表明，该方法计算速度快，与传统方法比较，减小电压偏差和提高电压合格率效果更好。

第五章研究考虑环境因素且带交流约束条件的多目标机组组合建模方法。详细分析模型的目标函数和各类约束条件，并以风电为代表讨论了间歇性能源不确定性的处理策略，包括不确定性对系统运行成本和约束的影响。

第六章研究第五章给出模型的求解方法。首先，采用 Benders 分解将原问题分解为多目标约束优化主问题和单目标非线性规划子问题；其次，考虑到主问题中不同目标间的博弈特性，在第三章算法的基础上设计出一种新的博弈算子用于引导种群快速逼近 Pareto 最优真实前沿，同时采用初始解预处理机制加速收敛。由于子问题考虑了交流潮流约束，通过子问题模型中引入无功控制变量能形成一个类似于无功优化的非线性模型去消除或减小 Benders Cut，提高模型收敛性。主子问题间的交替迭代求解体现了有功和无功间的关联，以及不同目标之间的折中与协调。仿真结果从不同的角度验证了所给策略和算法在求解模型时的优势。不同算法比对结果表明，带博弈算子的多目标算法具有更好的执行效率且鲁棒性强；策略比对结果表明，主子问题交替迭代时无论是否考虑风电，无功控制变量的引入都能减小 Benders Cut，在提高模型收敛性的同时获得了更好的优化效果。

第七章总结全书的主要工作和结论，并就未来研究的方向提出展望。

第一章　概　　述

第一节　研究背景与意义

电力系统经济调度是电力系统运行与控制的重要环节，也是能量管理系统（EMS）的重要组成部分，经过多年发展已日趋成熟。近年来，随着电网的飞速发展及新能源的不断接入，电网从规模上呈指数级增长，同时用电负荷的增加和新能源的接入也使传统电网的调度模式和控制方法逐渐发生改变。随着智能电网建设的不断深入，作为智能电网建设的基础，新一代电网经济调度的建设也必将和智能电网的建设同步，逐步实现从传统的粗犷式调度到精细化、智能化调度的转变。从无功经济调度的角度来看，由于电网的规模不断变大，网架结构日趋复杂，电网的无功经济调度发展更加趋向多目标、精细化和智能化。从有功经济调度的角度来看，随着哥本哈根世界气候大会会议内容的持续发酵，G20 峰会和 APEC 会议的召开，人们的环保意识逐渐增强，环境经济调度已成为研究趋势，同时随着大量新能源的不断接入，考虑新能源接入条件下的电网多目标环境经济调度更是研究的重点和难点。

在早期的电力系统调度中，人们主要关注的是对电源的分析和对有功的调度，随着电网的发展，尤其是新能源的持续接入，电网的无功电压问题逐渐凸显。当下，以风电为代表的清洁能源发电正以前所未有的速度加快建设，而清洁能源发电并网通常采用集中的方式，这使得源、网、荷之间的冲突进一步加剧，传统的有功、无功解耦调度的电网调度模式正在受到冲击。电网有功潮流的顺利传输是以电网无功潮流合理分布为基础的，随着无功电压问题的凸显，无功潮流的合理分布需要更加完善的无功优化系统来支撑，因此打造具有调节精细化和控制智能化特征的无功优化系统是满足复杂大电网无功潮流合理分布的终极目标。

传统的无功优化系统多以单目标为主，随着电网日益复杂，单一的控制目标已不能满足电网的需求，因此构建带有不用目标需求的多目标优化是发展的趋势，而传统无功优化的控制多为静态断面控制，没有考虑到后续时间段内负荷的波动情况，这使得无功优化的控制可能会出现控制效果滞后和控制不平滑的现象。因此，研究考虑负荷波动特性的无功优化是无功优化系统走向精细化道路的重要一环。此外，无功优化系统在实际控制中还会遇到系统参数的设置问题，传统无功优化系统的参数需依靠人工经验设置，参数设置过程烦琐且设置结果具有主观性，影响系统整体控制效果。因此，研究设置结果准确、设置过程高效的参数辨识方法，是无功优化建设趋向智能化的重要标志。

无功优化系统不断完善能够使电网的无功潮流分布愈趋合理，但在机组出力给定的某些特殊情况下，可能会出现无功优化无解的情况，即无论系统如何调整都无法使无功潮流合理分布且满足电压合格的要求。无功和电压问题采用无功优化无法解决时，需要依靠有功输出的变化，甚至是机组的启停来应对。在有功经济调度中，最优机组组合策略和出力分布结果也有可能导致网络中部分节点的电压越限。从这个角度来看，有功和无功调度之间不应该是完全孤立和解耦的，在有功调度中考虑无功电压的制约是十分必要的。随着新能源的接入和环保意识的日益增强，新能源发电的波动性给调度带来了更多的不确定性，同时发电效益和环境保护之间的博弈也越来越被运行人员所重视，因此，进一步研究考虑环境因素和新能源接入下带交流潮流约束的多目标机组组合问题是当前发展的趋势。

　　本书以新能源接入背景下有功和无功之间的关联为线索，以不同模型的优化求解方法为桥梁，从有功动态经济调度出发，研究了无功优化精细化控制策略、无功优化参数智能辨识方法，以及考虑环境因素且带交流约束的电网多目标机组组合问题，并对各模型的求解方法（尤其是多目标优化方法）进行了深入探讨。本书的研究是对新形势下电网调度决策和模型求解方法的进一步完善和补充，对促进电网节能减排与可持续发展，适应电网多目标调度决策需求具有重要的理论和现实意义。

第二节　有功经济调度的研究现状

　　有功经济调度问题的研究最早始于 20 世纪 20 年代，当时人们为了能实现发电成本最小，运行人员通常根据个人经验来分配各机组的运行状态和出力。20 世纪 30 年代，基于等耗量微增率法的机组负荷分配方法被提出来，基于人为经验的分配方法逐渐被替代，其中最经典的是 Steinberg M. J 和 Smith T. H 于 1934 年提出的等耗量微增率准则法，而这一准则的出现对后续电力系统调度理论的发展产生了深远的影响。在等耗量微增率准则法提出之后的 10 至 20 年间，许多学者对这一理论进行了大量的研究和完善，George E. E 提出了网络损耗修正的方法，为网络损耗理论奠定了基础，Kron G 则对电力损耗模型进行了修正和完善，Kirchmayer L. K 等人在 Steinberg M. J 的研究基础上对等耗量微增率准则进行扩展并提出了协调方程的概念，而扩展准则也在很长时期内被研究人员不断探讨和完善。这一时期的电力系统调度理论得到了前所未有的蓬勃发展，为电力系统调度理论的形成奠定了基础。

　　20 世纪 60 年代，频繁发生的电网大规模停电事件使研究人员逐渐意识到电网调度不仅要考虑经济性还要重视安全性。Carpentier J 最先提出了最优潮流（OPF）的概念，将交流潮流约束和电压约束加到有功调度模型中，采用非线性方法对模型进行了求解。此后，电力系统调度理论研究进入了高速发展的时期，大量关于 OPF 的求解方法被提出来，比较经典的数值求解方法有线性规划法、梯度法、内点法、牛顿法等。在电力系统最优潮流的求解不断掀起高潮的同时，电力系统调度模型也在不断变化以适应电网的发展，早期有功经济调度主要以静态调度为主，发电成本通常采用二次函数进行模拟。然而在实际中，由于机组的阀点效应对机组损耗曲线有叠加效应，因此忽略阀点效应会导致计算不精确，近年来带阀点效应的经济调度模型已经被研究人员广泛采用，Walters、Park、Bechert 等人分别采用遗传算法（GA）、粒子群算法（PSO）和差分算法（DE）对带阀点效应的模型进行了求解。

　　带阀点效应的经济调度模型使调度结果更加精确，但随着电网的发展，负荷增加的同时也造成了负荷波动加剧。当负荷在不同时段内波动较大时，机组在不同时段间的爬坡能力可能无法满足负荷波动的需求，因此需要引入短期负荷预测，以对未来时段内的负荷进行预测，即在满足经济调度的同时还需要考虑时段内机组爬坡的约束。Becher 和 Keatny 首次将短期负荷预测和爬坡约束引入经济调度模型中，提出了动态经济调度的概念，随后国内外学者对动态经济调度展开了深入研究。研究主要从两个方面入手：①对模型的扩展研究。Travers、Attaviriyanupap 等人研究了以发电成本最小为单目标的动态经济调度；Coelho、Yuan 等人研究了带阀点效应的动态经济调度问题；Ahmed、Anupam 等人则研究了动态环境经济调度问题，该问题是一个多目标问题，目标除了发电成本外还有火电机组的排放（如二氧化碳、二氧化硫等）最小。②对模型的求解算法研究。经济调度是一种非线性、非凸且约束复杂的非线性规划问题，对于这类问题的求解，研究人员多年来进行广泛和深入的研究，Jabr、Granelli、Keibde、Travers 等人分别采用线性规划方法、非线性规划、二次规划和动态规划方法对经济调度问题进行求解。

以上方法可以归为采用数值方法求解经济调度问题，除了数值方法外，具有适应性强、计算方法简单的人工智能的进化方法近几年被研究人员广泛地采用，其中有代表性的算法有 GA、TS、PSO、DE、BBO、TLBO 等。除了数值算法和智能算法外，近年来基于混合优化的算法也逐渐被人们所关注，Dakuo 等人将遗传算法、差分进化算法和序列二次规划算法相融合，以遗传算法作为运行的主算法，差分进化算法和序列二次规划算法被用于微调遗传算法来获得最佳解，Bhattacharya 等人则融合差分算法和地理迁徙算法，以差分作为主算法，地理迁徙算法被用于差分中提高算法的全局搜索能力，Cai 等人则采用混沌粒子群算法结合序列二次规划算法来对经济调度问题进行求解，混沌粒子群算法作为优化的主循环，序列二次规划算法被用来对主循环获得的解进行局部调整，加速探测全局最优解。

从以上分析来看，近年来对有功经济调度问题的研究重点主要集中在对模型的不断完善和对不同模型精确、高效求解。

第三节 无功优化的研究现状

作为经济调度的另一个重要领域，无功经济调度（即无功优化）最先由法国人 Carpentier 于 20 世纪 60 年代提出，其中无功最优潮流部分就是通常理解的无功优化问题，在数学上表现为带有复杂约束的非线性混合整数优化问题。随后几年，又有很多方法被提出来用于求解最优潮流问题，其中有代表性的是简化梯度法和牛顿法，然而这些方法要么收敛性不好，要么数值稳定性较差，直到 20 世纪 80 年代内点法的出现才打破这一僵局。

1984 年，Karmarkar 首次提出了具有多项式时间可解性的线性规划内点法，该方法具有对求解规模不敏感、计算速度快、收敛性好等特点。随后国内外很多研究者对这一方法进行了深入的研究，Quintana 等人对内点法的步长参数进行了改进，提出一种动态调节步长参数的策略，结果显示调节效果显著，改进后的算法在收敛性和计算速度上都有所提高；刘明波等人提出一种非线性同伦内点法，并用该方法求解无功优化问题，该方法最大的优点是可以快速准确地探测优化中是否出现不可行情况；韦化等人采用一种非线性互补的方法来求解最优潮流，该方法将内点法中互补松弛条件约束变为等式约束，并采用牛顿法求解，在步长调节中采用了新的效益函数，结果显示算法具有较好的收敛性；刘明波等人给出基于原对偶仿射尺度内点法，该方法具有多项式时间复杂性，并且收敛性次数稳定；白晓清等人采用内点半定规划，提出 SDP - OPF 方法，该方法通过将 OPF 问题转换为半定规划问题，再用内点法求解，并采用系数技术增加求解性能，该方法在 IEEE - 300 节点算例上优化结果显示，计算时间最多提高了 92%。

　　除数值优化方法外，近年来基于人工智能的优化方法在求解无功优化问题上也逐渐流行，其中比较有代表性的算法有 GA、EP、PSO、MY、Tabu、DE 等。智能算法具有较好的鲁棒性且求解离散变量较为方便，但由于需要大量计算个体的适应度值，因此求解效率较低，尤其在遇到大规模电网时收敛速度可能很慢，因此研究人员考虑将传统数值方法和智能优化方法相结合，发挥各自算法的优势取长补短。丁晓群等人提出一种混合无功优化算法，将内点法和改进遗传算法相结合，将无功优化问题解耦为连续优化问题和离散优化问题，采用内点法求解变量，采用改进遗传算法求解离散变量，并对连续问题和离散问题交替迭代求解；刘玉田等人则将 GA、SA 和 TS 三种算法进行融合来求解无功优化问题，GA 作为主优化算法，以一定的概率使用 SA 算子来改善收敛性，而 TS 算子用于搜索更加精确的解；沈茂亚等人则采用粒子群算法作为主算法，将免疫算子引入用于调整动量系数，而遗传算法则用于对负荷进行分段处理保证设备动作次数不频繁投切；李元成等人将差分进化算法和人工蜂群算法相结合，利用人工蜂群算法的优秀搜索能力，增强 DE 算法的全局搜索能力，同时克服 DE 算法需要初始种群规模较大的缺陷，结果显示混合算法的收敛性和鲁棒性都有所增强。

　　随着无功优化的发展，研究人员除了在无功优化的求解方法上不断进行探索，在无功优化的模型上也展开了深入研究。首先从目标函数上进行了改进，传统的无功优化的目标函数多以单目标为主，但随着电网发展，运行人员对电压偏差、电压稳定性、设备投切费用等目标都有了一定的要求，于是基于多目标无功优化的各种模型被提出来，周任军和段献忠等人提出一种考虑设备投切效益的多目标无功优化模型，分别以网损、电压水平、设备寿命和动作次数为目标采用遗传算法进行优化求解；Basu、程浩忠等人分别以最小网损、最小电压偏差和最大电压稳定裕度为目标，采用多目标差分进化算法、多目标免疫算法和多目标模糊自适应粒子群算法进行求解；Ramesha 等人则以无功规划费用最小、网损最小、电压偏差最小和电压稳定最大为目标，采用改进的 NSGA-Ⅱ算法求解。其次，为了更好地体现不同断面之间的关联性，动态无功优化模型也得到了研究人员的关注，卢凤昌等人最早提出了动态无功优化模型，对研究周期内的时间段进行了粗略和精心两种划分，粗略划分的时间段间隔较长，此时对离散设备动作次数的设定有助于限制离散设备的动作次数，而在精细划分的时间段内优先以连续变量进行调节，减少离散设备的动作。此后国内外学者在动态无功优化上做了广泛研究，刘明波、朱春明等人给出了无功优化非线性模型，并采用基于原对偶内嵌罚函数的内点法求解该模型；赖永生等人则针对基于原对偶内嵌罚函数的内点法提出算法的缺陷，给出一种将系数矩阵解耦的方法进行快速求解，该方法能够在保证求解精度的基础上实现快速求解；蔡昌春、丁晓群等人首先获得控制设备的全天动作次数和约束，通过对控制设备动作时段内解耦生成预动作表，最终根据优化结果和总的动作次数，调整后续时段内的动作表，实现动作设备的解耦优化；丁涛、郭庆来等人基于动态无功优化模型求解复杂的特点，提出一种将离散变量采用启发搜索得到最优动作次数，再固定离散变量求解结果采用内点法对连续变量进行校正优化的两阶段求解策略。

　　随着无功优化理论的不断完善，近年来无功优化逐步进入实用化阶段，从 1998 年无功优化在线控制逐渐进入实用化探索阶段，各大高校和科研院所先后将不同方法的无功优化在线控制系统用于实际电网调度，丁晓群、邓勇等人将遗传算法用于福建电网的无功电压自动控制中，根据实际运行效果对算法进行了实用化改进，运行结果显示在设备动作次数、网损等方面都取得了较好的优化控制效果；黄伟人在丁晓群、邓勇等人研究的基础上，针对实际控制中设备动作有先后次序这一特点，进一步考虑设备动作次数的优先级模型和修正策略；孙宏斌、张伯明、郭庆来等人提出一种基于软分区的三级电压控制，并在江苏电网和广东电网得到成功应用；苏辛一、张雪敏等人在混成自动电压控制（HAVC）理论的基础上提出一种新的协调变量——区域电压控制偏差（VACE），基于该协调变量的自动电压控制（AVC）系统，可以用于抑制互联电网间的投切振荡，并将该系统用于东北网调实现了网调和省调之间的联调，省调侧 AVC 系统在获取协调变量 VACE 的基础上对协调变量进行处理和优化，并在黑龙江电网的无功优化在线控制中得到应用。

经过多年的不断积累和完善，无功优化的实用化水平大幅提高，但随着电网的发展，尤其是智能电网的逐步实现，人们对无功优化也提出了更高的要求。卢锦玲、白丽丽等人提出一种基于电压自动控制的智能电网自愈策略，首先对各节点采用灵敏度分析得到电压变化情况，其次构造一个以电压和电压期望差值最小为目标的目标函数，并对设备动作顺序采用动态规划方法（DP）求解，最终得到优化控制策略；王康、孙宏斌等人则针对调度的输出断面，提出一种精细化规则生成方法，包括数据生成、特征选取和规则表示 3 个步骤，精细化规则的挖掘提高了基础数据的精度和适用性；孙宏斌、牟佳等人在分析智能电网调度的框架下，重新审视分布式控制与集中式协调之间的矛盾，提出两级分布式智能调度模式，并就一些实用化问题进行了探讨；Angel 等人提出一种智能配电网下的基于代理技术的电压支撑控制框架，给出一种协调末端用户控制的算法和框架，在配电网层部分，本地问题能够不需要上层的干预而被解决，同时提出一种无功负荷控制优化算法去改善配电网电压，仿真结果表明提出方法和框架是可行和有效的；张伟等人提出一种基于最优无功控制解的全分布多代理系统，无功控制器只需要本地的量测信息或者相邻母线的信息即可更新其控制设置，一些更新的规则是在适当的假设下进行的，由于拓扑结构的简单性和这一过程中要处理的数据量不大，该解决方案可以对工况变化提供及时的响应。该方案在不同规模的电力系统中进行了仿真，结果证明了提出的控制方法的有效性。此外，考虑风电等新能源接入的无功优化、无功优化的预警和评估等内容都是近年来研究的热点。

综上所述，在智能电网建设的框架下，无功优化正在朝着精细化、智能化的方向发展。

第四节　含新能源接入的机组组合研究现状

机组组合问题可以看成有功动态经济调度问题的延伸，最早由 Baldwin 提出，其主要思想为在给定的时间段内通过机组经济停运的策略实现系统总发电成本最小。机组组合问题是一个带有复杂约束条件的非线性优化问题，早期的机组组合问题主要以系统发电总成本最小为目标。Kerr 等人提出采用完全枚举法来求解机组组合问题，但该方法在系统规模变大时计算效率非常低，因此不实用；Lee 等人采用优先级法来求解机组组合问题，该方法通过对机组给定的某一指标进行排序得到优先级表，然后根据优先级表按顺序进行操作，直到机组出力和负荷相等时停止操作，得到机组组合结果，该方法由于没有理论基础，因此得到的解往往不是最优解，但该方法求解速度快可以作为其他方法的辅助决策手段；Goodrich、Pang 等人采用动态规划来求解机组组合问题，但是动态规划在遇到规模较大的系统时，会出现"维数灾"问题，尽管对求解的空间进行缩减可以减少一定的计算量，但是空间缩减和近似处理有可能找不到最优解。20世纪70年代,拉格朗日松弛法被提出并广泛用于机组组合的求解问题,该方法将部分约束条件通过拉格朗日乘子加到目标函数中,形成一个原问题的对偶问题,通过求得对偶问题目标函数的最大值来得到原问题的最小值,该方法表现出很好的收敛性能,但该方法对拉格朗日乘子的初值特别敏感,随后很多研究人员针对这一问题进行了很多改进。Cohen等人采用分支定界法来求解机组组合问题,该方法通过将原问题分解为众多子问题来求解,采用分支定界树进行搜索,通过对树中节点的搜索,不断地分解空间,最后通过剪枝来完成对原问题的求解;Oliveira等人采用内点法来求解机组组合问题;Madrigal等人将内点法和拉格朗日乘子相结合,取得了不错的效果。此外,人工智能方法在求解机组组合问题上也表现不俗,GA、Tabu、SA、PSO等方法都被成功用于机组组合问题的求解。

随着电网规模不断扩大,尤其是在20世纪60年代发生多起大停电事故后,人们逐渐意识到电网不仅需要经济性更需要安全性,因此,带有网络安全约束的机组组合问题被研究人员所关注,网络安全约束的表现形式也经历了两个阶段的发展。起初,人们多采用直流潮流模型来解决机组组合问题,主要原因是直流潮流模型在电网无功支撑充足的情况下近似为线性方程,计算简单,这一时期拉格朗日松弛法、Benders分解法和智能计算等方法被用于求解带直流潮流的机组组合问题,并取得了较好的结果。随着近年来电网发展不断加快,无功电压问题已日趋严峻,采用直流潮流模型不能很好地体现电网的无功电压特性,求解结果可能不符合实际,为了体现网络约束对机组组合的影响,尤其是电网中无功电压的波动对机组启停的制约,研究人员将交流潮流约束用于机组组合模型,以使计算结果更符合电网实际情况。

近年来随着大规模间歇性能源的接入,新能源并网后对机组组合的影响已不能忽略。Tuohy等人研究了风电接入电网后其随机性对机组组合问题的影响,并对比分析了采用随机优化方法和确定性优化方法对调度结果的影响,结果表明随机优化效果要好于确定性优化效果;Shahidehpour等人提出一种考虑风电间歇性和弃风惩罚的带安全约束的机组组合模型,其采用Benders分解策略将模型分为带风电预期出力的机组组合主问题和校验不同风电场景的约束子问题,通过主问题、子问题的交替迭代,最终得到满足不同场景的机组组合调度解;Manisha等人将风电、电动汽车和需求侧响应引入机组组合模型,采用TLBO算法对模型进行求解,并分别讨论了不同能源形式各自对系统的影响及结合在一起整体上对系统的影响;全浩等人将风电和太阳能发电引入机组组合中,考虑风电和太阳能发电的间歇性和波动性,采用一种基于非参数的神经网络的功率置信区间来描述新能源接入的不确定性,并采用遗传算法求解该问题。此外,随着人们环保意识的日渐增强,机组组合也不再局限于只考虑系统成本的问题,很多基于环保理念的多目标优化模型被提出,张洋等人提出一种系统发电成本和污染气体排放成本最小的多目标模型,同时考虑风电的波动性对系统发电成本的影响,采用基于二次序列结合粒子群的混合计算求解;Ahmed等人在智能电网框架下,考虑风电、太阳能发电和电动汽车等能源的接入,分析了不同能源对系统发电成本及系统排放目标的影响;Anup等人将火电、风电、水电和抽水蓄能发电融合模型中,以系统发电成本最小和系统有害气体排放最小为目标,构建了带有新能源发电的多目标优化模型,然后将多目标模型通过线性组合方式转变为单目标模型,采用改进的粒子群算法进行求解。

从以上分析可以看出,考虑新能源及环境因素的多目标机组组合的建模和求解是当前研究的焦点和难点。

第二章　考虑阀点效应的动态经济调度方法

第一节　概　　述

动态经济调度（DED）是一个复杂的非线性动态约束优化问题。DED 的目标是获得满足给定约束条件下所有发电机的有功输出方案，使得给定时间段内的发电成本最小。通常发电机的费用函数近似为非线性二次函数。在实际应用中，由于蒸汽阀存在，发电机呈现出非平滑和非凸的特征，因此发电机组不能简单地用二次费用函数来表示。数学上，带阀点效应的 DED 问题可以被看成在复杂等式和不等式约束下带有非光滑和非凸特征的动态非线性优化问题，这使得在给定时间段内找到最优调度解成为一种挑战。

从 21 世纪开始，许多传统数值优化方法被用于求解 DED 问题，包括线性规划（LP）、非线性规划（NLP）、二次规划（QP）和动态规划（DP）等，这些传统数值方法在求解带阀点效应的 DED 问题时，由于各自方法的缺陷使其在寻找全局最优解时异常困难。采用线性规划方法处理 DED 模型时，由于线性化过程中会产生大的偏差，因此解的精度不高。对二次规划和非线性规划方法来说，由于目标函数必须是连续、可微的，因此目标函数需要进行转换，这也会影响解的精确性。尽管动态规划方法能解决 DED 问题，但当应用到大型电力系统时有"维数灾"的问题，不但计算时间过长还有可能在给定时间内无法收敛。

近年来，许多现代启发式搜索算法，如 Genetic Algorithm（GA）、Evolutionary Programming（EP）、Tabu Search（TS）、Particle Swam Optimization（PSO）、Differential Evolution（DE）、Biogeography Based Optimization（BBO）、Krill herd algorithm（KHA）和 Harmony search with new pitch（NPAHS）等都已经被广泛应用于求解 DED 问题。这些启发式算法虽不能保证在给定的时间内获得全局最优解，但可获得一个较为满意的次优解，展现出了不俗的潜力，然而在求解带阀点效应的 DED 问题的时候，启发式算法更多的是得到局部最优解。其中，GA 有迭代早熟、编码和解码耗费时间过长的问题；EP 尽管能获得合理的解，但在用于解决 DED 问题的时候迭代过慢，使得计算时间变长；TS 能跳出局部最优并且迅速迭代到全局最优解，然而，当初始解远离全局最优解时，在给定的计算时间内可能很难收敛全局最优解；PSO 和 DE、GA 一样，存在迭代早熟使算法陷入局部最优的情况。近年来一些混合算法被提出来用于解决 DED 问题，如 PSO - SQP、BBO - DE、EP - SQP 和 BCO - SQP，这些方法利用不同算法的特性在全局搜索和局部搜索间做一个平衡，并且取得了较好的效果，但这类方法在求解 DED 问题中仍有不足，如大量的迭代导致收敛较慢等问题。

DE 算法是一种全局优化方法，相比其他的进化算法，DE 算法是一种参数少且计算简单的优化方法。近几年来，DE 算法已经渐渐成为流行的优化算法，并且成功地用于求解不同领域中的优化问题，例如经济调度问题、电压稳定问题、无功优化问题等。DE 算法的流行使其得到越来越多研究人员的关注，但 DE 算法仍然有很多需要改进的地方，如参数的选择和收敛早熟的问题，在 DE 算法进化后期如何进一步增强算法的搜索能力、快速高效地寻找最优解等问题。此外，标准的 DE 算法没有考虑对复杂优化问题的约束处理。考虑到标准 DE 算法的缺陷，一些改进方法被提出来，但如何将约束处理方法有效地和搜索算法相结合，并进一步提高算法的整体效率来求解 DED 问题仍然需要进一步研究。

　　针对以上问题，本章提出一种基于动态搜索策略的改进差分进化算法（IDEBDSS）用于求解 DED 问题。首先，该方法采用混沌序列来动态调整 DE 的参数设置，保持种群的多样性；其次，为了加速收敛，一种动态搜索策略被用于提高算法的整体性能；最后，为了解决 DED 复杂的约束处理问题，引入基于多目标概念的约束处理机制，并给出一种根据机组调节能力来按比例分摊约束违反量的不可行个体约束违反预处理策略。仿真结果表明，该方法可行且有效，给 DED 问题的高效求解提供了新的思路。

第二节　DED 问题数学模型

一、目标函数

　　为解决 DED 的非线性动态约束优化问题，制定发电成本最小的发电机的有功输出方案，本章以调度区间内的燃煤费用最小为目标函数，目标函数见式（2-1）。

$$F = \min \sum_{t=1}^{T} \sum_{i=1}^{N} f_i(P_i^t) \tag{2-1}$$

式中：F 为整个调度区间内总的燃煤费用；T 为时间间隔；N 为发电机的总数；P_i^t 为第 i 个发电机在第 t 个时间段内的有功输出；$f_i(P_i^t)$ 为第 i 个发电机在时间段 t 内的燃煤费用。

　　通常发电机组的能耗特性 $f_i(P_i)$ 可近似地表示为一个二次函数，见式（2-2）。

$$f_i(P_i) = a_i + b_i P_i + c_i P_i^2 \tag{2-2}$$

式中：a_i、b_i、c_i 为第 i 台机组的费用系数；P_i 为第 i 个发电机的有功功率。

　　实际中，当发电机组的进气阀门打开后，由于节流效应导致机组的能耗快速增加，这个现象称为机组的阀点效应。为了能够更加准确地模拟阀点效应，通常采用在二次函数后增加正弦函数来表示，见式（2-3）。

$$f_i(P_i) = a_i + b_i P_i + c_i P_i^2 + | e_i \times \sin[h_i \times (P_{i,\min} - P_i)] | \tag{2-3}$$

式中：a_i、b_i、c_i、e_i、h_i 为第 i 台机组的费用系数；$P_{i,\min}$ 为第 i 个发电机有功功率的下限。

二、约束

1. 电力平衡约束

电力平衡约束条件见式（2-4）。

$$\sum_{i=1}^{N} P_i^t = P_D^t + P_L^t \tag{2-4}$$

式中：P_D^t 为在第 t 个时间间隔内总的负荷需求；P_L^t 为通过网损系数矩阵 $\boldsymbol{B}$ 计算的传输损耗，可表示为

$$P_L^t = \sum_{i=1}^{N} \sum_{j=1}^{N} P_i^t B_{i,j} P_j^t + \sum_{j=1}^{N} B_{0i} P_i^t + B_{00} \tag{2-5}$$

式中：$B_{i,j}$ 为网损系数矩阵中第 i 行第 j 列的元素；B_{0i} 为网损系数矩阵中的第 i 个元素；B_{00} 为常数。

2. 发电机运行约束

发电机运行约束条件可表示为

$$P_{i,\min} \leqslant P_i^t \leqslant P_{i,\max}, i=1,2,\cdots,N, t=1,2,\cdots,T \tag{2-6}$$

式中：$P_{i,\max}$、$P_{i,\min}$ 分别为第 i 个发电机有功功率的上、下限。

　　3. 机组爬坡速率约束

　　机组爬坡速率约束可表示为

$$\begin{cases} P_i^t - P_i^{t-1} \leqslant UR_i \\ P_i^{t-1} - P_i^t \leqslant DR_i \end{cases}, i=1,2,\cdots,N, t=1,2,\cdots,T \tag{2-7}$$

式中：UR_i、DR_i 分别为第 i 个发电机单位时间内增加或减少的出力，即爬坡率上限。

第三节　差分进化算法及变异算子分析

　　差分进化（DE）算法是一个简单且高效的启发式优化算法。DE 算法通过变异、交叉和选择操作来更新每一代群体，初始 DE 算法的群体是通过决策空间随机产生。DE 算法的种群由 NP（NP 是种群的大小）个 n 维向量组成，即 $\vec{x}_{i,g}=(x_{i,1,g},\ x_{i,2,g},\ \cdots,\ x_{i,n,g})$, $i=1,2,\cdots,NP$，g 为当前种群的代数。DE 算法的核心思想是将目标向量 $x_{i,g}$ 经过变异和交叉操作后产生一个试验向量 $u_{i,g}$，通过在目标向量和试验向量之间进行选择得到更好的下一代个体。DE 算法的变异、交叉和选择操作介绍如下。

　　（1）变异操作。变异个体 $v_{i,g}=(v_{i,1,g},\ v_{i,2,g},\ \cdots,\ v_{i,n,g})$ 通过变异操作产生。常用的变异策略有 DE/rand/1：$v_{i,g}=x_{r_1,g}+F\cdot(x_{r_2,g}-x_{r_3,g})$ 和 DE/best/1：$v_{i,g}=x_{\text{best},g}+F\cdot(x_{r_1,g}-x_{r_2,g})$，其中 r_1、r_2、r_3 是在区间 $[1,NP]$ 中随机产生的，且满足 $r_1 \neq r_2 \neq r_3$，$x_{\text{best},g}$ 是群体在第 g 代中最好的个体，F 是控制参数也叫缩放因子，$F \in [0,1]$。

　　（2）交叉操作。交叉操作用于增加群体的多样性，在变异操作之后，通过对目标向量和变异向量采用二项式交叉获得试验向量 $u_{i,g}$，操作如下：

$$u_{ij,g} = \begin{cases} v_{ij,g}, & rand(j) \leqslant CR \text{ 或 } j=j_{rand} \\ x_{ij,g}, & \text{其他} \end{cases} \tag{2-8}$$
$$i=1,2,\cdots,NP, j=1,2,\cdots,D$$

式中：j_{rand} 是从 $[1,D]$ 中随机选择的整数，确保在试验向量中至少有一维是来自变异向量；D 为优化变量的维数；$rand(j)$ 是 $[0,1]$ 均匀分布的随机数；CR 为交叉控制参数，也叫交叉率，$CR \in [0,1]$。

　　（3）选择操作。选择操作是通过比较试验向量和目标向量来进行选择，适应度值更好的个体将被选择进入下一代，选择操作表示如下：

$$x_{i,g+1} = \begin{cases} u_{i,g}, & f(u_{i,g}) < f(x_{i,g}) \\ x_{i,g}, & \text{其他} \end{cases} \tag{2-9}$$

式中：$f(x_{i,g})$ 为目标向量 $x_{i,g}$ 的适应度值；$f(u_{i,g})$ 是试验向量 $u_{i,g}$ 的适应度值。

　　通过以上分析可以看出，DE 算法产生下一代个体的主要机制在于其变异算子，变异算子大致分为以下几类：

　　1）DE/rand/1：$v_{i,g}=x_{r_1,g}+F(x_{r_2,g}-x_{r_3,g})$

　　2）DE/rand/2：$v_{i,g}=x_{r_1,g}+F(x_{r_2,g}-x_{r_3,g})+F(x_{r_4,g}-x_{r_5,g})$

　　3）DE/best/1：$v_{i,g}=x_{\text{best},g}+F(x_{r_1,g}-x_{r_2,g})$

　　4）DE/best/2：$v_{i,g}=x_{\text{best},g}+F(x_{r_1,g}-x_{r_2,g})+F(x_{r_3,g}-x_{r_4,g})$

5）DE/target - to - best/1：$\boldsymbol{v}_{i,g}=x_{i,g}+F(x_{\text{best},g}-x_{i,g})+F(x_{r_1,g}-x_{r_2,g})$

以上变异算子表达式中，$x_{r_1,g}\neq x_{r_2,g}\neq x_{r_3,g}\neq x_{r_4,g}\neq x_{r_5,g}$，且都为种群中随机选出的个体，$x_{\text{best},g}$ 为当前种群中最好的个体，$\boldsymbol{x}_{i,g}$ 为当前个体的目标向量。DE/rand/1 是 DE 变异中最通用的策略，由于所有向量是随机在种群中选择出来的，因此在解的探测上具有无偏性。DE/rand/2 则是在 DE/rand/1 的基础上增加了扰动，增强了种群多样性。DE/best/1 是以全局最好的解作为基向量，该策略能够使得种群的个体追随种群中最好的个体进行进化，但容易陷入局部最优。DE/best/2 则是在 DE/best/1 的基础上增加了扰动，增强多样性。DE/target - to - best/1 策略综合了目标个体、最优解和随机向量，试图在三者之间寻求平衡，相比 DE/best/1 策略，更加强调目标和最优解之间的均衡，该策略具有旋转不变性，Suganthan 等人证实了该方法对多目标优化问题的有效性。

第四节 基于动态搜索策略的改进差分进化算法

一、进化计算中复杂约束处理方法的研究

DED 问题是一个带有复杂约束的单目标优化问题，传统的约束处理方法大多是基于罚函数法，罚函数法给优化算法在处理约束时带来了便利，但因其约束处理的机理特征，有一个难以克服的缺陷（即很难找到求解问题的适当罚因子）。因此，为了克服罚函数的缺陷，基于多目标概念的约束优化方法近年来逐渐被研究人员所关注。

1. Pareto 最优概念

基于多目标概念的约束处理方法需要引入多目标解集以及 Pareto 支配的概念，因此这里简单地介绍 Pareto 最优的几个基本概念。

（1）Pareto 支配（Pareto Dominance）。向量 $\boldsymbol{u}=(u_1,\cdots,u_k)$ Pareto 支配另一向量 $\boldsymbol{v}=(v_1,\cdots,v_k)$（即 $\boldsymbol{u}<\boldsymbol{v}$），当且仅当 $\forall i\in\{1,\cdots k\}$，$u_i\leqslant v_i$ and $\exists j\in\{1,\cdots,k\}$，$u_j<v_j$。

（2）Pareto 最优（Pareto Optimality）。若向量 $\boldsymbol{x}_u\in\boldsymbol{X}$ 为 $\boldsymbol{X}$ 上的 Pareto 最优解，则对任意 $\boldsymbol{x}_v\in\boldsymbol{X}$ 都有 $\boldsymbol{x}_v<\boldsymbol{x}_u$。

（3）Pareto 最优解（Pareto Optimal Set，POS）。POS 定义 $\rho^*=\{\boldsymbol{x}_u\in\boldsymbol{X}\mid\exists\boldsymbol{x}_v\in\boldsymbol{X},\boldsymbol{x}_v<\boldsymbol{x}_u\}$。

（4）Pareto 最优前沿（Pareto Optimality Front，POF）。POS 在空间上形成的曲面称为 Pareto 最优前沿，定义为 $\rho f^*=\{f(\boldsymbol{x}_u)\mid\boldsymbol{x}_u\in\rho^*\}$。

2. 基于多目标思想的约束优化处理方法

在传统罚函数法中，约束优化问题通常采用如下方法进行转化：

$$\begin{cases}\min f(x)\\g(x)\leqslant 0\Rightarrow L(\delta,x)=f(x)+\delta G(x)\\h(x)=0\end{cases}\tag{2-10}$$

式中：δ 为罚因子，当 $\delta\rightarrow\infty$ 时，$\min f(x)$ 与 $\min L(\delta,x)$ 等价；$G(x)$ 为总的约束违反量。

采用罚函数法可以将约束优化问题变为无约束优化问题，但 δ 的取值将异常困难，δ 取值不同优化结果会有很大偏差。针对不同的问题，δ 的取值不同，且需要通过大量的实验进行调试。尽管研究人员对罚函数法进行了很多改进，但 δ 取值困难的问题仍没有得到根本解决。近年来，针对罚函数法中罚因子难以取值的问题，人们逐渐考虑去掉罚因子而采用多目

标优化的思想来处理约束问题，转化方法如下：

$$\begin{cases} \min f(x) \\ g(x) \leqslant 0 \\ h(x) = 0 \end{cases} \Rightarrow \begin{cases} \min f(x) \\ \min G(x) \end{cases} \qquad (2-11)$$

从式（2-11）可以看出，将约束优化问题转化为多目标无约束问题后罚因子取值困难的问题得到了解决。考虑到不同问题中约束的复杂性和差异性，$G(x)$ 会有所不同，通常约束可分为等式和不等式约束，等式约束可以通过条件阈值 γ（$\gamma>0$）转换为不等式约束，γ 的取值一般为 10^{-6}，即

$$H_i(x) = 0 \Rightarrow H_i(x) - \gamma \leqslant 0 \qquad (2-12)$$

因此在进化过程中，种群某一个体的约束违反情况可以表示为

$$G_i(x) = \begin{cases} \max\{0, g_i(x)\}, & 1 \leqslant i \leqslant u \\ \max\{0, |H_i(x)| - \gamma\}, & u+1 \leqslant i \leqslant m \end{cases} \Rightarrow G(x) = \sum_{i=1}^{m} G_i(x) \qquad (2-13)$$

式中：m 为所有的等式和不等式约束总个数；$g_i(x)$ 为不等式约束；u 为不等式约束个数。

对于最终个体的约束违反 $G(x)$，如果只对不同约束的 $G_i(x)$ 简单地求和，由于不同约束对目标函数影响的差异，则有可能导致最终的 $G(x)$ 不能真实地反映约束对目标的特征差异。因此，为了能够更加公平地对待不同的约束，在计算 $G(x)$ 时需要通过一种方法来转换约束之间的差异，使得最终的比较更加公平。根据约束之间的不同特性，这里介绍两种个体约束违反量的计算方法。

（1）当各个约束条件之间差异不明显时，对每个不可行个体的约束违反量的计算较为简单，只是对每个不同的约束违反量进行求和即可。

$$G(x_i) = \sum_{j=1}^{m} G_j(x_i), i = 1, \cdots, u \qquad (2-14)$$

式中：u 为种群中父代个体的数量。

（2）当各个约束条件之间存在较大差异时，为了防止某些约束条件在进化中始终占有主导地位，可以对不同的约束分配相同的重视度来弱化占主导地位的约束条件。首先，对种群中每个个体的约束违反量进行归一化处理。

$$G'_j(x_i) = \frac{G_j(x_i)}{\max G_j(x_k)}, i = 1, \cdots, u,$$
$$j = 1, \cdots, m, k = 1, \cdots, n \qquad (2-15)$$

其次，通过采用计算均值的方法来得到个体的归一化约束违反量 $G_{\text{nor}}(x_i)$。

$$G_{\text{nor}}(x_i) = \frac{\sum\limits_{j=1}^{m} G'_j(x_i)}{m}, i = 1, \cdots, u \qquad (2-16)$$

在实际应用中，以上两种处理方法的选择策略如图 2-1 所示（δ 为自定义值）。

二、参数 F、CR 的选取策略

F、CR 是 DE 算法中最重要的两个参数，传统

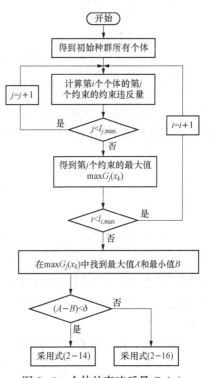

图 2-1　个体约束违反量 $G(x)$
计算方法的选择策略

DE 算法中 F、CR 的设定是通过不断试探来获取的，这种方法的缺陷是计算效率低，而采用固定参数值的设置方法则不能保证在搜索阶段实现完全的最优遍历，因此 DE 算法中 F、CR 的取值方法一直是研究的热点。近年来，一些结合混沌序列的进化算法被提出来，并取得了较好的效果。引入混沌序列来动态地调整 DE 算法的参数值有两个优点，一是省去了参数试探的调试过程，提高了优化的性能；二是参数设置采用动态调整代替固定值，提高了群体的多样性，增强了算法的收敛性。本节采用 Logistic 映射来设计混沌序列，迭代方程如下：

$$\beta^{k+1} = u\beta^k(1-\beta^k), k = 1,2,\cdots, \beta \in (0,1), \beta \neq 0.25、0.5、0.75 \qquad (2-17)$$

式中：k 为迭代的次数；β^k 为（0，1）的随机数；$u=4$。

参数 F 通过等式（2-18）被动态调整，CR 通过等式（2-19）更新。

$$\begin{cases} F^0 \in (0,1), & F^0 \notin \{0.25, 0.5, 0.75\} \\ F^{g+1} = 4F^g(1-F^g), g = 1,2,\cdots, g_{\max} \end{cases} \qquad (2-18)$$

$$\begin{cases} CR^0 \in (0,1), & CR^0 \notin \{0.25, 0.5, 0.75\} \\ CR^{g+1} = 4CR^g(1-CR^g), g = 1,2,\cdots, g_{\max} \end{cases} \qquad (2-19)$$

式中：$g_{\max}$ 为最大迭代次数。

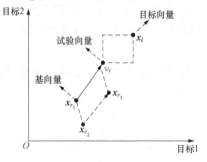

图 2-2　DE 算法的空间探测示意图

三、正交交叉算子

DE 算法的空间探测示意图如图 2-2 所示，从图中可以看出，由目标向量和试验向量构成的虚线区域内算法并未进行有效的探测，这可能导致最优解搜索缺失，而基于正交设计思想的正交交叉算子正好能有效地解决这一问题。

正交设计是一种研究多因素和多水平的设计方法，它的主要思想是在所有的实验中挑出小部分具有代表性的点进行实验，而这些点具有均匀性、分散性等特点，其本质是在全面实验中找到部分线性无关的个体进行实验。正交实验的关键是正交表，下面以正交表 $L_4(2^3)$ 为例做简单介绍。

$$L_4(2^3) = \begin{bmatrix} 1 & 1 & 1 \\ 1 & 2 & 2 \\ 2 & 1 & 2 \\ 2 & 2 & 1 \end{bmatrix} \qquad (2-20)$$

$L_4(2^3)$ 表示 3 种因素、2 个水平的正交实验只需要进行 4 次，如果不采用正交表则全部实验需要做 $8(2^3)$ 次。基于正交设计的特点，研究人员将其用于进化计算，有学者将正交交叉引入遗传算法中，提出一种基于 QOX 算子的全局优化方法，还有学者将正交交叉用于 DE 算法并取得了较好的效果。以下对 QOX 算子执行步骤进行简单介绍。

Step1：对由父代和子代个体组成的 D 维空间进行量化，量化公式如下：

$$l_{i,j} = \min(A_i, B_i) + \frac{j-1}{Q-1} \cdot [\max(A_i, B_i) - \min(A_i, B_i)], j = 1,\cdots, Q \qquad (2-21)$$

式中：$A_i = (A_1, \cdots, A_D)$、$B_i = (B_1, \cdots, B_D)$ 为种群中的两个个体，其中，D 为空间的

维度，由 A_i、B_i 组成的搜索区域为 $[\min(A_i，B_i)，\min(A_i，B_i)]$；$Q$ 为划分的水平；$l_{i,j}$ 为划分后的一个水平，因此 D 维空间经过 Q 划分后在搜索空间得到 Q^D 个点。

Step2：如果 $D \leqslant Q$，根据正交表 $L_M(Q^K)$ 直接得到搜索区域内经过量化的 M 个点。

Step3：如果 $D > Q$，则无法直接采用正交性，首先将变量 $x_i = (x_1，\cdots，x_D)$ 经过 t_i 次划分后得到 K 个向量。此时 $t_i \in [1，D]$，$1 \leqslant t_1 < t_2 < \cdots < t_{K-1} \leqslant D$，且约束条件可表示为

$$\begin{cases} \boldsymbol{H}_1 = (\boldsymbol{x}_1, \cdots, \boldsymbol{x}_{t_1}) \\ \boldsymbol{H}_2 = (\boldsymbol{x}_{t_1+1}, \cdots, \boldsymbol{x}_{t_2}) \\ \cdots \\ \boldsymbol{H}_K = (\boldsymbol{x}_{t_{K-1}+1}, \cdots, \boldsymbol{x}_D) \end{cases} \quad (2-22)$$

Step4：对每一个 $\boldsymbol{H}_i$ 向量进行 Q 个水平的划分，结果如下：

$$\begin{cases} \boldsymbol{L}_{i1} = (l_{t_{i-1}+1,1}, \cdots, l_{t_i,1}) \\ \boldsymbol{L}_{i2} = (l_{t_{i-1}+1,2}, \cdots, l_{t_i,2}) \\ \cdots \\ \boldsymbol{L}_{iQ} = (l_{t_{i-1}+1,Q}, \cdots, l_{t_i,Q}) \end{cases} \quad (2-23)$$

最终，对 $\boldsymbol{H}_1，\cdots，\boldsymbol{H}_K$ 采用正交表 $L_M(Q^K)$ 得到搜索区域内经过量化的 M 个点。

四、考虑约束违反的动态搜索策略研究

本节在动态混合框架（Dynamic Hybrid Framework，DHF）的基础上，提出一种考虑约束违反的动态搜索策略来求解 DED 问题。该方法在全局搜索过程中采用 QOX 算子增强最优解的探测能力，而在局部搜索中，则采用基于不可行个体的约束处理方法结合 DE/best/1 变异算子引导种群快速进入可行域加速收敛。

1. 全局搜索策略

全局搜索策略能够对可行域进行更广泛的探测，为了提高 DE 算法的全局搜索能力，并在进化后期产生更多的试验向量用于探测全局最优解，此处将 QOX 算子用于 DE 算法进行全局搜索，如果在全局搜索中对所有个体都采用 QOX 算子探测，计算效率太低，因此本节只对种群中最好的可行解采用 QOX 算子进行探测。二维空间 QOX 算子探测获得不可行解示意图如图 2-3 所示，图中给出了变异向量是否在可行域的不同情况，从图中可以看出，对最优可行解进行 QOX 算子探测后，探测结果有可能出现不可行情况，考虑到此时全局搜索基本处于进化后期，此时探测到的不可行解有可能包含全局最优解的信息，不应简单被过滤。本节对探测到的不可行解进行 Pareto 支配，并比较找出所有非劣解集合 $\boldsymbol{M}$，在非劣解中选取最好的非劣个体 $M_{\text{infeasible}}^{\text{best}}$（最好非劣个体定义为非劣解中约束违反最小的解），如果此时种群中有不可行解 $P_{\text{infeasible}}$，且 $M_{\text{infeasible}}^{\text{best}} < P_{\text{infeasible}}$ 则 $M_{\text{infeasible}}^{\text{best}}$ 将随机替换被支配的任一个 $P_{\text{infeasible}}$，如果此时没有不可行解，则 $M_{\text{infeasible}}^{\text{best}}$ 将替换目标值最大的解。全局搜索框架算法如图 2-4 所示。

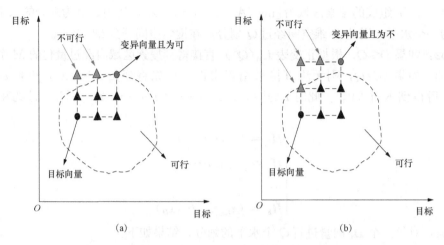

图 2-3   二维空间 QOX 算子探测获得不可行解示意图

（a）变异向量且为可；（b）变异向量且为不

$\overrightarrow{x_{i,g}}$：目标向量；$\overrightarrow{v_{i,g}}$：变异向量；$\overrightarrow{u_{i,g}}$：实验向量；x_i：种群中第 i 个个体

Step1: 从当前种群中选择最好的可行解，记为 P_{best}

Step2: for $i=1,\cdots,NP$, do

    Step2.1: 通过 DE/rand/1 策略获得 $\overrightarrow{v_{i,g}}$

    Step2.2: if$(x_i = P_{\text{best}})$//找到最优个体

        Step2.2.1: 对 $\overrightarrow{x_{i,g}}$ 和 $\overrightarrow{v_{i,g}}$ 采用 QOX 探测得到实验向量集合 M

        Step2.2.2: 计算集合 M 中个体的 $f(x)$ 和 $G(x)$

        Step2.2.3: 选择 M 中最好的可行解作为 $\overrightarrow{u_{i,g}}$

        Step2.2.4: 如果 M 中存在不可行解，则存入集合 T 中。

      else

        Step2.2.5: 采用式(2-8)产生的实验向量 $\overrightarrow{u_{i,g}}$，并计算 $\overrightarrow{u_{ig}}$ 的 $f(x)$ 和 $G(x)$

      end if

    Step2.3: if $\overrightarrow{u_{i,g}} < \overrightarrow{x_{i,g}}$，则用 $\overrightarrow{u_{i,g}}$ 替换 $\overrightarrow{x_{i,g}}$

Step3:if$(T \neq \varnothing)$

    Step3.1: 得到 M 中的非劣解，并选择最好的非劣解 $M_{\text{infeasible}}^{\text{best}}$

    Step3.2: if$(\exists P_{\text{infeasible}})$ //如果此时种群中存在不可行解

        如果 $M_{\text{infeasible}}^{\text{best}}$ 能支配任一 $P_{\text{infeasible}}$ 解，则替换 $P_{\text{infeasible}}$

    else

        用 $M_{\text{infeasible}}^{\text{best}}$ 替换种群内 $f(x)$ 最大的解

图 2-4   全局搜索框架算法

2. 局部搜索策略

在动态搜索过程中，局部搜索策略是为了使种群中的不可行个体能快速进入可行域，增加种群中可行解的数量。通常局部搜索出现在进化初期，此时不可行解数量可能较多，局部搜索的一个重要目的是使不可行解快速进入可行域，如果此时对不可行解只采用多目标法来处理约束并进行迭代，以消除不可行解，但可能速度太慢，影响最优解的探测，因此本节从两个方面来提高局部搜索的效率。

（1）在局部搜索过程中对不可行个体的约束违反量采用约束预处理策略，加速不可行解进入可行域。

（2）采用 DE 算法的 DE/best/1 变异算子加速引导种群进入可行域，由于 DE/best/1 策略是采用当前最好的解作为基向量，因此，当最好解为可行解时，可加速种群向最好可行解靠近，从而能使种群加速进入可行域。

局部搜索的主要步骤如下：

Step1：针对不同的优化问题，种群中不可行个体的约束违反量采用不同的约束预处理策略。

Step2：对种群中的个体采用 DE/best/1 变异策略生成变异向量 $\overrightarrow{v_{i,g}}$。

Step3：采用式（2-8）的交叉算子生成试验向量 $\overrightarrow{u_{i,g}}$。

Step4：计算 $\overrightarrow{u_{i,g}}$ 的 $f(x)$ 和 $G(x)$。

Step5：如果 $\overrightarrow{u_{i,g}} < \overrightarrow{x_{i,g}}$，则用 $\overrightarrow{u_{i,g}}$ 代替 $\overrightarrow{x_{i,g}}$，否则不做任何操作。

五、IDEBDSS 框架

IDEBDSS 框架如图 2-5 所示，图中 NP 为种群个体的数量，NF 为种群中不可行解的数量，$rand$ 为 [0，1] 间的随机数。

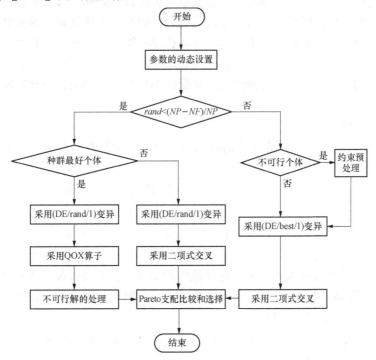

图 2-5　IDEBDSS 框架

第五节　基于 IDEBDSS 算法的 DED 求解方法研究

一、种群的初始化和个体的结构

群体中个体 P 由 N 个发电机和 T 个时间段组成，控制变量描述如下：

$$P = \begin{bmatrix} P_1^1 & P_2^1 & \cdots & P_N^1 \\ P_1^2 & P_2^2 & \cdots & P_N^2 \\ \vdots & \vdots & \ddots & \vdots \\ P_1^T & P_N^T & \cdots & P_N^T \end{bmatrix} \tag{2-24}$$

式中：P_i^t 是第 i 个发电机在第 t 个时间段内的有功功率。

发电机输出功率的初始化是在发电机约束的可行域范围内随机产生的，满足式（2-6）的约束，并通过式（2-25）来初始化发电机有功输出。

$$P_i^t = P_{i,\min} + (P_{i,\max} - P_{i,\min}) \times rand(0,1), i = 1,2,\cdots,N, t = 1,2,\cdots,T \tag{2-25}$$

式中：$rand(0,1)$ 是 $[0,1]$ 随机产生的数，服从均匀分布；$P_{i,\max}$、$P_{i,\min}$ 是第 i 个发电机的最大、最小功率。

二、不可行个体约束违反预处理策略

采用基于多目标思想的约束处理策略能够克服罚因子取值不易的问题，其中最重要的是将原问题转化为多目标后对 $G(x)$ 的处理。如果在进化期间不对 $G(x)$ 进行有效的处理，可能会出现群体中有较多的不可行个体并且不可行个体的 $G(x)$ 值较大的情况，从而导致进化需要更多的迭代来处理约束违反量。因此，进化过程中群体中可行个体较少（进化处于局部搜索时）时，先对不可行个体的约束违反量进行粗略的预调整，在增加群体中可行个体数量的同时降低当前群体中不可行个体的约束违反量，提高计算效率。有学者通过随机选择某一发电机来平衡约束违反量以对不可行个体进行处理，但是由于选择调节的发电机是通过随机方式产生的，可能出现具有较大调节裕度的发电机没有被选择，而调节裕度较小的发电机反而被选中的不合理现象，最终导致求解迭代次数增加，求解效率降低。考虑到以上问题，提出一种根据机组调节能力按比例分摊约束违反量的不可行个体约束预处理策略，该方法主要步骤如下：

Step1：设置时间段 $t=1$。

Step2：由公式（2-26）计算在当前时间段内的每个发电机出力的可行域。

$$\begin{cases} P_{i,\min}^t = \begin{cases} P_{i,\min}, & t = 1 \\ \max(P_i^{t-1} - DR_i, P_{i,\min}^t), & \text{其他} \end{cases} \\ P_{i,\max}^t = \begin{cases} P_{i,\max}, & t = 1 \\ \min(P_i^{t-1} + UR_i, P_{i,\max}^t), & \text{其他} \end{cases} \end{cases} \tag{2-26}$$

$$i = 1,2,\cdots,N, t = 1,2,\cdots,T$$

式中：$P_{i,\max}$、$P_{i,\min}$ 为第 i 个发电机在 t 时间段内的功率上、下限；N 为发电机的数量。

式（2-26）将第 i 个发电机在 t 时间段内的功率调整到约束范围内，则可行域可表示为

$$\begin{cases} P_{i,\min}^t, P_i^t < P_{i,\min}^t \\ P_i^t, P_{i,\min}^t < P_i^t < P_{i,\max}^t, \quad i = 1,2,\cdots,N, t = 1,2,\cdots,T \\ P_{i,\max}^t, P_i^t > P_{i,\max}^t \end{cases} \tag{2-27}$$

Step3：采用（2-28）计算 $\Delta P_{i-\min}^t$ 和 $\Delta P_{\max-i}^t$

$$\begin{cases} \Delta P_{i-\min}^t = P_i^t - P_{i,\min}^t \\ \Delta P_{\max-i}^t = P_{i,\max}^t - P_i^t \end{cases}, i=1,2,\cdots,N, t=1,2,\cdots,T \qquad (2-28)$$

式中：$\Delta P_{\max-i}^t$、$\Delta P_{i-\min}^t$ 分别为 t 时间段内第 i 台发电机距离出力上、下限的有功可调量。

Step4：计算 t 时间段内的负荷平衡的约束违反量 P_{voil}^t，令 $l=0$，l 是预调整策略的迭代次数。

$$P_{voil}^t = \sum_{i=1}^{N} P_i^t - P_D^t - P_L^t \qquad (2-29)$$

Step5：如果 $|P_{voil}^t| < P_{viol}$（P_{viol} 是自定义阈值），则转到 Step10；否则，如果 $P_{voil}^t > 0$，则转到 Step6，如果 $P_{voil}^t < 0$，转到 Step7。

Step6：当 $P_{voil}^t > 0$ 时，应减少发电机组的出力（$\Delta p_{i-\min}^t = 0$ 的情况不被考虑）。计算每个发电机的 $P_{i-coef-\min}^t$、ΔP_{i-app}^t，并通过式（2-32）对所有发电机的出力进行修正，然后转到 Step8。

$$P_{i-coef-\min}^t = \Delta P_{i-\min}^t / \left(\sum_{i=1}^{N} \Delta P_{i-\min}^t \right), \Delta P_{i-\min}^t \neq 0 \qquad (2-30)$$

式中：$P_{i-coef-\min}^t$ 为时间段 t 内第 i 个发电机的约束违反分摊系数。

$$\Delta P_{i-app}^t = P_{i-coef-\min}^t \times P_{voil}^t \qquad (2-31)$$

式中：ΔP_{i-app}^t 为第 i 个发电机的约束违反分摊值。

$$P_i^t = P_i^t - \Delta P_{i-app}^t \qquad (2-32)$$

Step7：当 $P_{voil}^t < 0$ 时，应增加发电机组的出力（$\Delta P_{\max-i}^t = 0$ 的情况不被考虑）。计算每个发电机的 $P_{i-coef-\max}^t$ 和对应的 ΔP_{i-app}^t。通过式（2-35）对所有发电机的出力进行修正，然后转到 Step8。

$$P_{i-coef-\max}^t = \Delta P_{\max-i}^t / \left(\sum_{i=1}^{N} \Delta P_{\max-i}^t \right), (\Delta P_{\max-i}^t \neq 0) \qquad (2-33)$$

$$\Delta P_{i-app}^t = P_{i-coef-\max}^t \times P_{voil}^t \qquad (2-34)$$

$$P_i^t = P_i^t + \Delta P_{i-app}^t \qquad (2-35)$$

Step8：如果修正后的 P_i^t 满足 $P_{i,\min} \leqslant P_i^t \leqslant P_{i,\max}$，则转入 Step9，否则 P_i^t 通过式（2-27）被修正，再转入 Step9。

Step9：由式（2-29）计算 P_{voil}^t，令 $l=l+1$，如果 $l < l_{\max}$（$l_{\max}$ 是最大预调整次数），转 Step5，否则转入 Step10。

Step10：令 $t=t+1$，如果 $t < T$，转入 Step2，否则转入 Step11。

Step11：由式（2-36）计算个体的总的约束违反量 $G_{all}(x)$。

$$G_{all}(x) = \sum_{t=1}^{T} P_{voil}^t, t=1,\cdots,24 \qquad (2-36)$$

Step12：本次不可行解预处理结束。

三、基于 IDEBDSS 的 DED 问题求解流程

基于 IDEBDSS 的 DED 问题求解流程如图 2-6 所示。

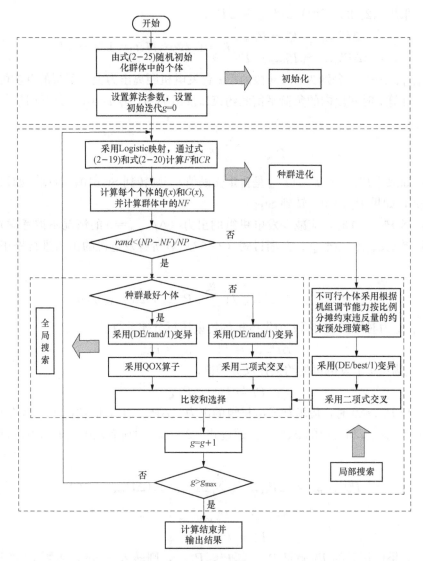

图 2-6　基于 IDEBDSS 算法的 DED 问题求解流程

第六节　仿真测试与分析

一、测试系统描述

为了表明 IDEBDSS 算法在求解 DED 问题上的可行性和有效性,采用以下 3 个仿真算例进行验证:①Case1:采用带阀点效应的 10 机电力系统但忽略网损;②Case2:在算例 1 的基础上考虑网损;③Case3:将算例 1 的系统扩大 3 倍成为 30 机电力系统。

以上三个测试系统调度周期为 24h,时间间隔为 1h。提出的 IDEBDSS 采用 C++编程,运行环境为 P-IV2.2GHz。为了证明 IDEBDSS 算法的有效性,仿真算例独立执行 40 次,初始种群的个数为 70,并采用最好的调度结果作为 40 次独立运行的最终优化解。为了能更好地证明 IDEBDSS 算法在求解 DED 问题上的优势,将 IDEBDSS 算法和标准 DE 算法用于求解相同的 DED 问题，IDEBDSS 算法和 DE 算法的参数设置见表 2-1。

表 2-1　　　　　IDEBDSS 算法和 DE 算法的参数设置

算法	F	CR	G_{max}	NP	$L_M(Q^N)$	l_{max}	P_{viol}
DE	0.25	0.45	600	70	—	—	—
IDEBDSS	—	—	600	70	$L_9(3^4)$	3	30

二、Case1 仿真结果分析

针对 10 机电力系统不考虑网损的情况，表 2-2 给出了 IDEBDSS 算法和其他算法在最小发电成本、平均发电成本和平均 CPU 计算时间的计算结果对比。图 2-9 则比较了 IDEBDSS 算法和标准 DE 算法获得的最好解的迭代过程和收敛情况。表 2-3 给出了最好调度解的机组出力细节。

表 2-2　　　　　Case1 系统中不同算法的计算结果对比

算法	总的发电成本/美元		CPU 平均计算时间			实验次数
	最小成本	平均成本	实际计算时间/min	CPU	等效计算时间/min	
DE	1035479	1038680	0.21	2.2GHz	0.21	40
SQP [134]	1051163	—	1.19	850MHz	0.45	20
EP [134]	1048638	—	42.49	850MHz	16.41	20
BCO-SQP [135]	1032200	—	2.68	3.0GHz	3.65	—
EP-SQP [153]	1031746	1035748	20.51	850MHz	7.92	20
MHEP-SQP [153]	1028924	1031179	21.23	—	—	30
MDE [16]	1031612	1033630	5.30	2.0GHz	4.82	30
HDE [154]	1031077	—	—	2.4GHz	—	—
DGPSO [155]	1028835	1033630	15.39	750GHz	5.25	30
CE [151]	1022701	1024024	0.5237	1.5GHz	0.36	30
ECE [151]	1022271	1023334	0.5271	1.5GHz	0.36	30
AIS [156]	1021980	1023156	19.01	3.2GHz	27.65	30
AHDE [157]	1020082	1022474	1.10	2.4GHz	1.20	10
HHS [158]	1019091	—	12，23	2.0GHz	11.11	25
ICPSO [150]	1019072	1020027	0.467	1.8GHz	0.38	30
CSAPSO [159]	1018767	1019874	0.467	1.8GHz	0.38	40
EAPSO [160]	1018510	1018701	0.5	3.0GHz	0.68	40
CSADHS [161]	1018681	1018718	2.72	1.6GHz	1.98	100
EBSO [152]	1017147	1017526	0.205	1.8 GHz	0.17	40
IDEBDSS	1016873	1017124	0.33	2.2GHz	0.33	40

表 2 - 3　　　　　　　　IDEBDSS 算法在 Case1 情况下获得的最优调度解的细节

时刻	Unit1	Unit2	Unit3	Unit4	Unit5	Unit6	Unit7	Unit8	Unit9	Unit10	出力
1	150.0000	135.0000	194.0932	60.0000	122.8666	122.4498	129.5904	47.0000	20.0000	55	1036
2	150.0000	135.0000	268.1132	60.0000	122.8666	122.4498	129.5704	47.0000	20.0000	55	1110
3	226.6250	215.0000	309.3354	60.0000	73.0000	122.4492	129.5904	47.0000	20.0000	55	1258
4	303.2484	295.0000	300.7051	60.0000	73.0000	122.4561	129.5904	47.0000	20.0000	55	1406
5	303.2485	310.0043	309.8324	60.0000	122.8674	122.4570	129.5904	47.0000	20.0000	55	1480
6	379.8747	390.1823	301.0241	60.0000	122.8663	122.4622	129.5904	47.0000	20.0000	55	1628
7	379.8729	396.8001	318.5557	60.0000	172.7351	122.4458	129.5904	47.0000	20.0000	55	1702
8	379.8726	396.7994	297.1018	105.5865	222.5996	122.4497	129.5904	47.0000	20.0000	55	1776
9	456.4968	396.7994	299.2045	144.8595	222.5997	122.4497	129.5904	77.0000	20.0000	55	1924
10	456.4968	396.7994	330.5748	185.6150	222.6186	160.0000	129.5904	85.3050	50.0000	55	2072
11	456.4968	396.7994	324.5355	231.7083	222.5997	160.0000	129.5904	117.2128	52.0571	55	2146
12	456.4968	460.0000	325.5698	240.7433	222.5997	160.0000	129.5904	120.0000	50.0000	55	2220
13	456.4968	396.7994	325.1248	186.3889	222.5997	160.0000	129.5904	120.0000	20.0000	55	2072
14	456.4968	396.7994	290.5637	140.5003	222.5996	122.4498	129.5904	90.0000	20.0000	55	1924
15	379.8726	396.7994	303.9199	110.3227	172.7331	122.4498	129.5904	85.3121	20.0000	55	1776
16	303.2484	396.7994	287.5221	61.2113	122.8665	122.4498	129.5904	55.3121	20.0000	55	1554
17	226.6243	396.8011	299.6654	60.0000	122.8664	122.4524	129.5904	47.0000	20.0000	55	1480
18	303.2484	396.7996	321.1787	60.0000	172.7333	122.4496	129.5904	47.0000	20.0000	55	1628
19	379.8726	396.7994	297.2775	105.4103	222.5997	122.4501	129.5904	47.0000	20.0000	55	1776
20	456.4968	460.0000	340.0000	121.3131	222.5997	160.0000	129.5904	77.0000	50.0000	55	2072
21	456.4968	395.5979	317.1186	120.5966	222.5997	160.0000	129.5904	47.0000	20.0000	55	1924
22	379.8726	309.2646	273.5396	68.7188	222.5642	122.4498	129.5904	47.0000	20.0000	55	1628
23	302.9124	229.5981	193.3172	60.0000	172.1321	122.4498	129.5904	47.0000	20.0000	55	1332
24	226.6242	222.2665	178.2025	60.0000	122.8666	122.4498	129.5904	47.0000	20.0000	55	1184

为了能够更加公平地比较不同方法之间的计算时间，考虑将不同算法中运行 CPU 的频率转换为一个基值进行比较，每个算法的等效 CPU 时间通过式（2 - 37）计算得到，等效 CPU 的基准值为 2.2GHz。通过等效转换不同算法之间的 CPU 计算，使得不同算法间计算时间的比较变得更加有意义，等效计算后的结果展示在表 2 - 2 的第六列。

$$\begin{cases} T_{eq} = C_{eq} \times T_a \\ C_{eq} = \dfrac{C_g}{2.2} \end{cases} \tag{2 - 37}$$

式中：T_{eq} 为 CPU 等效计算时间，s；T_a 为 CPU 实际计算时间，s；C_{eq} 为基准值下的等效系数；C_g 为给定 CPU 频率，GHz。

从表 2 - 2 的调度结果看，IDEBDSS 算法相比其他算法在最小发电成本和平均计算结果上都是最优的，此时最小的发电成本为 1016873 美元。此外，从表 2 - 2 还可以看出 IDEBDSS 算法的计算结果和 EBSO 算法的计算结果比较接近。尽管 IDEBDSS 的均值只比

EBSO 算法的均值提高了 0.0395%，但 IDEBDSS 算法的均值甚至要优于 EBSO 算法的最好解，这也说明了 IDEBDSS 算法在平均调度解上非常具有竞争力。从表 2-2 中不同算法的平均 CPU 计算时间来看，除了 EBSO 算法外，IDEBDSS 算法的计算时间都要快于其他算法。尽管 EBSO 算法的 CPU 计算时间要快于 IDEBDSS 算法，但是 IDEBDSS 算法迭代次数要少于 EBSO 算法（EBSO 算法的迭代次数是 700 代，而 IDEBDSS 算法的迭代次数只有 600 代），且 IDEBDSS 算法的调度结果要好于 EBSO 算法。因此，可以看出 IDEBDSS 算法相比 EBSO 算法用了更少的迭代次数获得了更好的解。

为了能够更直观地展示 IDEBDSS 算法的鲁棒性，图 2-7、图 2-8 分别展示了 IDEBDSS 算法 40 次独立实验结果的分布情况。图 2-7 展示了 40 次独立计算后最优调度解的波动情况，可以看出每次独立实验中 IDEBDSS 算法获得的最优调度解都在一个很小的范围内波动，计算结果在最大和最小值之间没有较大偏差，且最大值和最小值相比均值的偏差不超过 1%。图 2-8 展示了 40 次独立计算结果落到相同数值区间内的分布情况，从图中可以看出 40 次独立计算结果近似服从正态分布。因此，可以认为 IDEBDSS 算法在求解 DED 问题上具有较好的鲁棒性。

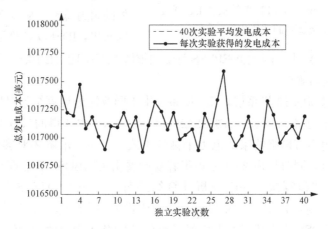

图 2-7 Case1 系统 IDEBDSS 算法 40 次独立实验的发电成本分布

为了能更好地证明 IDEBDSS 算法在求解 DED 问题相比标准 DE 算法在收敛性上更具优势，本节将两种算法在进化过程中获得最好发电成本解的迭代过程进行比较。Case1 系统中 IDEBDSS 算法和 DE 算法获得最优解的迭代过程如图 2-9 所示，从图 2-9 可以明显看出，在迭代初期 IDEBDSS 算法相比标准 DE 算法呈现快速下降的趋势，并在迭代后期趋于平缓，同时 IDEBDSS 算法用较少的迭代次数获得了比标准 DE 算法更好的解，因此提出的 IDEBDSS 算法相比 DE 算法有更好的收敛性且 IDEBDSS 算法能以更快的速度获得更好的解。

此外，从表 2-2 和图 2-9 中可以进一步对改进的算法得到以下结论：

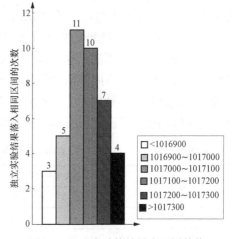

图 2-8 40 次计算结果在不同数值
区间内的分布

（1）为了改进 DE 算法参数的设置，基于混沌序列搜索的动态参数设置机制能提高算法的收敛性和 DE 算法解的质量，而且几乎无须额外的计算时间。

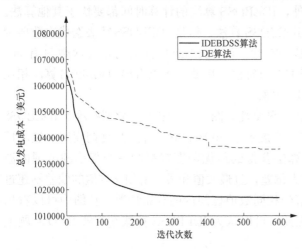

图 2-9　Case1 系统中 IDEBDSS 算法和 DE 算法
获得最优解的迭代过程

（2）通过改进的局部搜索策略，使得算法在进化前期能迅速向可行域靠近，加快了收敛速度。

通过采用改进的全局搜索策略，算法在迭代后期增强了全局最优解的搜索能力。尽管 QOX 算子会增加额外的计算时间，但是 QOX 算子的加入使得算法的全局最优解的搜索能力得到增强，在进化后期能以较大概率找到最优解。

最后，表 2-3 给出 IDEBDSS 算法获得最好发电成本解的机组出力细节，表 2-3 的最后一列为调度周期内所有发电机的出力总和。从表 2-3 的调度结果可以看出，IDEBDSS 算法获得的调度结果满足所有 DED 问题的约束，因此 IDEBDSS 算法在求解 DED 问题的约束时是可行且有效的。

三、Case2 仿真结果分析

Case2 为考虑网损的 10 机系统，Case2 系统中不同算法的计算结果对比见表 2-4，从表 2-4 来看，由于考虑了系统网损，IDEBDSS 算法在 Case2 中获得的最好解和平均解都要高于 Case1。由于采用不带网络约束的电力平衡约束式（2-6）求解相对容易，Case2 的计算时间要略高于 Case1，同时从表 2-4 中也很容易能看出 IDEBDSS 算法获得的最优调度解和平均调度解都好于其他算法，仔细分析计算结果可以发现 CSADHS 算法得到的结果和 IDEBDSS 算法比较接近，尽管 IDEBDSS 算法获得的平均解只比 CSADHS 算法提高了 0.0150%，但 IDEBDSS 算法获得的平均解好于 CSADHS 算法的最优解，且 IDEBDSS 算法的计算时间不到 CSADHS 算法的 1/5（在计算时间上 IDEBDSS 算法是除了 EBSO 算法之外用时最少的），因此从整体上看 IDEBDSS 算法的性能要好于 CSADHS 算法。此外，对比 Case1 中 IDEBDSS 算法和 EBSO 算法结果较为接近的情况，Case2 中 IDEBDSS 算法的计算结果显然好于 EBSO 算法，这也说明 IDEBDSS 算法不但在考虑网损的测试系统中仍能取得较好的结果，而且对不同测试系统具有很好的适应性。IDEBDSS 算法在 Case2 情况下获得的最优调度解的细节见表 2-5，从表 2-5 可以看出，和 Case1 一样 IDEBDS 算法在 Case2 系统中获得的调度结果满足所有 DED 问题的约束。

表 2-4　　　　　　　　　　Case2 系统中不同算法的计算结果对比

算法	总发电成本/美元		平均 CPU 时间			独立实验次数
	最小成本	平均成本	实际时间/min	CPU	等效时间/min	
DE	1053278	1058118	0.23	2.2GHz	0.23	40
EP [134]	1054685	1057323	47.23	850MHz	18.25	20
EP-SQP [153]	1052668	1053771	27.53	850MHz	10.64	20

算法	总发电成本/美元		平均 CPU 时间			独立实验次数
	最小成本	平均成本	实际时间/min	CPU	等效时间/min	
MHEP-SQP [153]	1050054	1052394	24.33	—	—	30
AIS [156]	1045715	1047050	23.22	3.2GHz	33.77	30
CSAPSO [159]	1038251	1039543	—	1.8GHz	—	40
EBSO [152]	1038915	1039188	0.22	1.8GHz	0.27	40
EAPSO [160]	1037898	1038109	2.3	3GHz	3.13	40
CSADHS [161]	1035199	1035259	2.8	1.6GHz	2.03	100
IDEBDSS	1035061	1035104	0.35	2.2GHz	0.35	40

表 2-5　　　　　IDEBDSS 算法在 Case2 情况下获得的最优调度解的细节

时刻	Unit1	Unit2	Unit3	Unit4	Unit5	Unit6	Unit7	Unit8	Unit9	Unit10	P_{Loss}	出力
1	150.0000	135.0000	206.2132	60.0000	122.8666	122.4495	129.5901	47.0000	20.0000	55	12.1194	1036
2	150.0000	135.0000	283.4721	60.0000	122.8621	122.3805	129.5934	47.0000	20.0000	55	15.3081	1110
3	226.6255	140.5172	303.5180	60.0023	172.7118	122.4501	129.5903	47.0000	20.0000	55	19.4150	1258
4	303.2481	217.1263	298.3105	60.0000	172.7201	122.5314	129.5903	47.0000	20.0000	55	19.5267	1406
5	378.1103	221.4563	298.1562	60.0000	172.7364	122.4495	129.5902	47.0000	20.0000	55	24.4989	1480
6	379.2190	395.1559	292.5124	60.7754	122.1191	122.0033	129.5931	77.0000	20.0000	55	25.3782	1628
7	379.3315	308.1123	301.6784	110.2891	222.6871	122.3588	129.5937	85.0021	20.0000	55	32.0530	1702
8	456.4955	307.2651	301.6512	160.4467	172.8113	122.4713	129.5913	85.1197	20.0000	55	34.8521	1776
9	456.4961	381.5338	299.2182	191.7144	222.0122	122.1125	129.5991	85.7833	20.0000	55	39.4696	1924
10	456.5337	396.1244	325.5543	242.3067	222.5977	159.9998	129.5902	115.1221	20.0038	55	50.8327	2072
11	456.5051	396.8771	340.0000	291.8865	226.9819	160.0000	129.8112	120.0000	20.0073	55	51.0691	2146
12	456.4981	460.0000	325.9193	293.2254	222.7892	160.0000	129.1218	120.0000	50.0673	55	52.6211	2220
13	456.4972	396.7975	305.1244	293.0451	222.5877	122.4543	129.5967	120.0000	20.0008	55	49.1037	2072
14	456.8864	315.9902	310.5337	240.9335	222.6017	122.8966	129.5998	90.0000	20.0000	55	40.4419	1924
15	379.9812	307.6411	296.8875	191.5335	222.7889	122.4366	129.5832	85.3165	20.0000	55	35.1685	1776
16	303.5614	233.1066	283.7054	177.6954	172.0887	122.9389	129.5899	85.3044	20.0000	55	28.9907	1554
17	226.6345	309.7312	305.2144	126.8105	122.4622	122.7871	129.5899	85.3137	20.0000	55	23.5435	1480
18	303.2955	309.5308	293.0189	165.3517	172.8655	122.0773	129.5944	85.3002	20.0000	55	28.0343	1628
19	379.8966	309.7066	305.8871	180.8354	222.9094	122.9508	129.5997	85.3392	20.0000	55	36.1248	1776
20	456.5441	389.3176	335.1308	230.8341	222.7566	160.0000	129.5993	115.7032	20.0000	55	42.8857	2072
21	456.4844	389.4533	305.3274	180.8443	222.6377	122.4544	129.5873	85.3088	20.0000	55	43.0976	1924
22	379.8764	310.8876	283.1745	130.8401	172.7224	122.8655	129.5897	55.3114	20.0000	55	32.2676	1628
23	303.2518	231.6654	205.1876	118.9013	122.8588	122.4473	129.5905	47.0000	20.0000	55	23.9027	1332
24	226.6188	222.2679	184.6386	120.0015	73.0000	122.4577	129.5844	47.0001	20.0000	55	16.5690	1184

四、Case3 仿真结果分析

Case3 是一个具有 30 机的大规模系统，此时解空间的非凸、非线性和不平滑性更加显著。为了更好地证明 IDEBDSS 算法在求解大规模 DED 问题的有效性，IDEBDSS 算法和标准 DE 算法同时用于 Case3 系统的优化，Case3 系统中 IDEBDSS 算法和 DE 算法获得最优解的迭代过程如图 2-10 所示。从图 2-10 可以看出，IDEBDSS 算法在进化后期能够持续地获得更好的解，即 IDEBDSS 算法能够有效地避免陷入局部最优，进一步说明了 IDEBDSS 算法相比标准 DE 算法具有更好的收敛性。表 2-6 给出了 IDEBDSS 算法和其他算法在最小解、平均解和平均 CPU 计算时间上的优化结果对比，从表中可以明显看出 IDEBDSS 算法无论是最小值还是平均值都好于其他算法，且 IDEBDSS 算法得到的结果和 EBSO 算法比较接近，

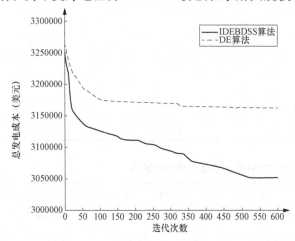

图 2-10 Case3 系统中 IDEBDSS 算法和 DE 算法获得最优解的迭代过程

IDEBDSS 算法的解只比 EBSO 算法提高了 0.1377%。尽管提高程度有限，但是相比 Case1 的提高结果 0.0395% 来说，Case3 提高的结果约是 Case1 提高结果的 3 倍多。从时间上来看，虽然 IDEBDSS 算法在计算时间上仍然要多于 EBSO 算法，但 IDEBDSS 算法是所有方法中除 EBSO 算法之外用时最少的，而且和 Case1 中两种方法的计算时间对比，可以明显看出随着系统规模的扩大，IDEBDSS 算法所用的时间已非常接近于 EBSO 算法。此外，从计算时间来看 Case3 中 IDEBDSS 算法的平均 CPU 计算时间为 0.8min，大约是 Case1 系统计算时间的 2 倍，但是 Case3 的计算规模则是 Case1 的 3 倍，这也说明了 IDEBDSS 算法不但对大规模系统有效，同时也具有一定的成长性。

表 2-6　　　　　　　　Case3 系统中不同算法的计算结果对比

算法	总发电成本/美元		平均 CPU 时间			独立实验次数
	最小	平均	实际时间/min	CPU	等效时间/min	
DE	3162709	3171416	0.56	2.2 GHz	0.56	40
EP [134]	3164531	3200171	177.39	850MHz	68.54	20
EP-SQP [153]	3159204	3169093	27.53	850MHz	10.64	20
MHEP-SQP [153]	3151445	3157738	24.33	—		30
CSAPSO [159]	3066907	3075023	1.02	1.8GHz	0.84	40
DGPSO [155]	3148992	3154438	73.01	750GHz	24.88	30
CE [151]	3086109	3088869	2.0740	1.5GHz	1.41	30
ECE [151]	3084649	3087847	2.1375	1.5GHz	1.46	30
ICPSO [150]	3064497	3071588	1.03	1.8GHz	0.84	30
HHS [158]	3057313	—	27.65	2GHz	25.13	25

续表

算法	总发电成本/美元		平均 CPU 时间			独立实验次数
	最小	平均	实际时间/min	CPU	等效时间/min	
EAPSO [160]	3054961	3055252	—	3GHz	—	40
CSADHS [161]	3054709	3055070	7.37	1.6GHz	5.36	100
EBSO [152]	3054001	3054697	0.95	1.8GHz	0.78	40
IDEBDSS	3049736	3050492	0.80	2.2GHz	0.80	40

章小结

动态经济调度（DED）是一个带有复杂约束的非线性优化问题，求解的关键在于对模型中约束的有效处理，以及提高算法的求解精度和求解效率。本章对传统 DED 模型的约束处理方法和求解策略进行了改进，主要总结如下：

（1）采用多目标概念来处理模型中复杂约束问题，相比传统罚函数法，该方法能够克服罚因子设置困难的问题。

（2）提出一种根据机组调节能力按比例分摊约束违反量的不可行个体约束预处理策略，该策略能够减少不可行解的迭代次数，从而加速算法收敛。

（3）给出一种基于动态搜索策略的改进差分进化算法求解模型，通过动态搜索策略结合正交交叉算子来提高算法的全局搜索能力。

（4）仿真采用三个不同的标准算例进行分析，三个算例中 IDEBDSS 算法相比其他算法都取得了最好的解和最好的平均解，并且平均解甚至要好于其他算法的最优解，体现了算法的鲁棒性。在最好的解的比较中，尽管不同算例中都出现了和其他算法计算结果相差不大的情况，但从三个算例的整体来看，随着模型的规模变大、变复杂，IDEBDSS 算法和其他算法的差距也在变大，这也体现出算法具有更好的适应性和成长性。

第三章　考虑负荷波动特性的多目标无功优化
精细化控制策略及求解方法

第一节　概　　述

无功优化在线控制（AVC）经过多年的研究已经日趋成熟并且得到广泛应用。传统无功优化大多是以系统有功网损最小为目标并满足控制变量和状态变量的约束条件，实现了无功分层分区就地平衡。

近年来随着对电压质量等需求的不断提高，无功优化逐渐由单目标模型向多目标模型转变。李如琦等人将有功网损、电压偏差和电压稳定裕度三个目标相结合，构成多目标无功优化问题，提出一种基于差分策略的粒子群算法对该模型进行求解，结果显示该方法鲁棒性强、收敛性好。周鑫等人将全天网损、有载调压变压器分接头动作次数和电容器投切次数作为目标函数，建构多目标模型，并采用多种群蚁群优化算法进行求解，结果表明该模型和算法能够降低系统损耗并改善电压质量。有学者提出一种多目标模型变换策略，首先对多目标模型的解空间进行划分，分析不同目标解对应的等值线情况，然后根据等值线的分析结果指导不同模型的变换策略并确定最终优化方向。以上多目标无功优化研究都取得了较好的效果，然而以上研究大多忽略或未详细考虑电网短期内的负荷变化特性，然而在实际电网中，尤其在一些短时间段内负荷波动较大的地区，很容易造成由于控制方案滞后而影响控制效果的情况。

针对以上问题，本节首先引入短期母线负荷预测结果作为判断基础，通过对控制前后负荷变化的预判，实现控制设备提前动作，最大程度消除控制方案滞后带来的影响，实现多目标无功优化的精细化控制和平滑控制。其次，为了进一步保证控制效果，考虑到控制设备提前动作可能造成部分电压监视点电压越限的情况，本节在传统多目标无功优化模型中引入松弛变量，提出了多目标无功优化松弛控制模型，该模型通过在目标函数中引入松弛变量来缓解由于设备提前动作可能造成的电压越限情况。最后，为了提高多目标模型的求解效率，提出一种基于解集动态分析的多目标混沌差分进化算法（MOCDE-DASS）。该方法以 IDEBDSS 算法为基础，结合多目标优化特征，采用多目标方法处理模型中的复杂约束，将多目标约束优化问题转化为多目标无约束优化问题，并根据当前种群中可行解的比例，动态分配搜索策略，保证搜索效率。此外，在进化过程中，适应均衡策略被用来缓解约束处理和优化目标函数之间的矛盾，该策略通过重构种群中不可行个体的目标函数，使进化过程中的算法能够同时处理约束违反和优化目标函数。相比其他的启发式多目标算法，MOCDEDASS 具有计算速度快、多样性好且收敛精度高等特点。

在仿真测试与分析部分，本书从标准算例和实际电网算例两方面来验证提出方法的有效性。标准算例验证了算法的收敛性、解的均匀性和迭代收敛过程等方面的优势；实际电网算例则对比分析了提出的精细化松弛控制模型和传统控制模型在连续控制情况下的控制差异，并给出不同参数的选择结果对控制效果的影响。

第二节　多目标无功优化数学模型

随着电网的不断发展，以网损和电压偏差最小为目标的多目标无功优化模型已逐渐替代了传统的单目标无功优化模型。在多目标无功优化模型中，控制变量包括发电机节点电压幅值、并联电容器（或电抗器）和可调变压器的挡位，优化模型见式（3-1），潮流方程等式约束、控制变量约束、状态变量约束见式（3-2）～式（3-4）。

$$\begin{cases} F = \min\{P_{\text{Loss}}, f_{\text{VD}}\} \\ P_{\text{Loss}} = \sum_{i,j \in N_{\text{L}}} g_{ij}(U_i^2 + U_j^2 - 2U_iU_j\cos\theta_{ij}) \\ f_{\text{VD}} = \sum_{i \in N_{\text{PQ}}} \left| \dfrac{U_i^{\text{spec}} - U_i}{U_i^{\text{max}} - U_i^{\text{min}}} \right| \end{cases} \quad (3\text{-}1)$$

$$\begin{cases} P_i - U_i \sum_{j=1}^{N_{\text{L}}} U_j(G_{ij}\cos\theta_{ij} + B_{ij}\sin\theta_{ij}) = 0, i \in \boldsymbol{N_{\text{PQ}}}, \boldsymbol{N_{\text{PV}}} \\ Q_i - U_i \sum_{j=1}^{N_{\text{L}}} U_j(G_{ij}\sin\theta_{ij} - B_{ij}\cos\theta_{ij}) = 0, i \in \boldsymbol{N_{\text{PQ}}} \end{cases} \quad (3\text{-}2)$$

$$\begin{cases} Q_{\text{C},i}^{\min} \leqslant Q_{\text{C},i} \leqslant Q_{\text{C},i}^{\max}, i \in \boldsymbol{N_{\text{C}}} \\ K_{\text{T},i}^{\min} \leqslant K_{\text{T},i} \leqslant K_{\text{T},i}^{\max}, i \in \boldsymbol{N_{\text{T}}} \end{cases} \quad (3\text{-}3)$$

$$\begin{cases} U_{\text{G},i}^{\min} \leqslant U_{\text{G},i} \leqslant U_{\text{G},i}^{\max}, i \in \boldsymbol{N_{\text{G}}} \\ Q_{\text{G},i}^{\min} \leqslant Q_{\text{G},i} \leqslant U_{\text{G},i}^{\max}, i \in \boldsymbol{N_{\text{G}}} \\ U_i^{\min} \leqslant U_i \leqslant U_i^{\max}, i \in \boldsymbol{N_{\text{PQ}}} \end{cases} \quad (3\text{-}4)$$

式中：P_{Loss}、f_{VD}分别为网损和电压偏差的目标函数；$Q_{\text{C},i}$、$K_{\text{T},i}$分别为无功补偿容量和变压器变比值；$U_{\text{G},i}$为发电机机端电压；$Q_{\text{G},i}$为发电机无功出力；U_i为$\boldsymbol{PQ}$节点电压；$\boldsymbol{N_{\text{PQ}}}$、$\boldsymbol{N_{\text{PV}}}$分别为$\boldsymbol{PQ}$和$\boldsymbol{PV}$节点的集合；$\boldsymbol{N_{\text{C}}}$、$\boldsymbol{N_{\text{T}}}$、$\boldsymbol{N_{\text{G}}}$分别为电容器节点、变压器节点、发电机节点集合。

第三节　考虑负荷波动特性的无功优化精细化控制方法

尽管多目标模型考虑了电压偏差，并取得了较好的控制效果，但负荷波动常会影响优化的控制效果，尤其是对电压质量要求较高的用户。当负荷波动较大时，传统无功优化控制时常会出现控制方案滞后或控制效果不平滑的问题。为了使用户的电压质量得到进一步提升，多目标无功优化的控制需要考虑负荷的波动特性，使控制趋于精细化。

一、负荷波动处理方法和精细化控制策略

在无功优化控制中，常会因为对后续负荷趋势的未知而导致控制方案出现滞后的现象，如在一些具有冲击性负荷的工业区或商业负荷较为密集的地区常会出现短时间内负荷快速爬坡的现象，若采用传统的多目标优化方法进行计算，则优化的控制效果将无法匹配后续负荷的快速变化，使得控制方案滞后且控制结果失去平滑性。基于以上的原因，

本节引入短期母线负荷预测的结果进行趋势预判，并通过设备提前动作进行预测控制，此控制策略的关键是对后续负荷趋势的判断，假设 A、B 两点为不同时间点的负荷，A 点负荷为 L_A，B 点负荷为 L_B，总的来说对后续负荷趋势的判断大致可分为 $L_A < L_B$ 和 $L_A > L_B$ 两种情况来处理。

    1. 负荷趋势的判别和相应控制策略

    (1) $L_A < L_B$。$L_A < L_B$ 时的负荷趋势如图 3-1 所示，此时 A 点处负荷小于 B 点负荷。

    1) 当 A 点处负荷为爬坡时，B 点处负荷有三种情形与之对应：①B 点为负荷爬坡，A、B 为 ［A，B］ 内的极致点且 AB 曲线单调，对应图 3-1 (a)；②B 点为负荷爬坡，A、B 不全是 ［A，B］ 内的极致点且 AB 曲线不单调，对应图 3-1 (b)；③B 点为负荷滑坡，且 A、B 不全是 ［A，B］ 内的极致点，对应图 3-1 (c)。

    2) 当 A 点处负荷为滑坡时，B 点处负荷有两种情况与之对应：①B 点为负荷爬坡，对应图 3-1 (d)；②B 点为负荷滑坡，对应图 3-1 (e)。

    图 3-1 (a) 中由于 A 点的后续负荷为单调递增，因此可以直观地通过斜率 K_{ab} 来判断后续负荷的趋势。在图 3-1 (b) ～图 3-1 (e) 中，尽管 AB 之间存在峰谷，对后续趋势的判断不像图 3-1 (a) 那么直观，但是从整体趋势上看，在有限周期内 K_{ab} 的取值仍可大致反映后续负荷的变化快慢，此时 AB 间的峰谷可以近似忽略。

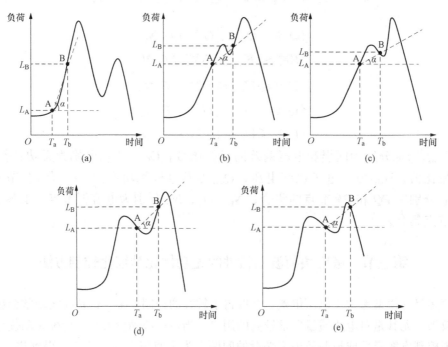

图 3-1 $L_A < L_B$ 时的负荷趋势

(a) A、B 点负荷爬坡，AB 单调；(b) A、B 点负荷爬坡，AB 不单调；(c) A 点负荷爬坡、B 点负荷滑波，AB 不单调；
(d) A 点负荷滑坡、B 点负荷爬坡；(e) A、B 点负荷滑坡

    斜率 K_{ab} 的计算方法：取 A、B 间的所有负荷点对应的负荷值构成集合 G，对 G 内的点进行线性回归分析，得到回归分析后的线段 AB，AB 线段与 X 轴的夹角为 α，计算 AB 的斜率（即 $K_{ab} = \tan\alpha$）。当 K_{ab} 大于某一阈值时，可以近似认为后续给定周期范围内，负荷爬坡

较快，此时在 A 点进行无功优化计算时应考虑通过控制设备的提前动作来进行预测控制，此时如果该母线节点有可投的无功补偿容量（即 $Q_{i,+}^i>0$，$Q_{i,+}^i$ 为可投入的补偿容量），则优先考虑投入无功补偿容量，此时该节点无功注入变为 $Q_i^i=Q_i^i+Q_{i,+}^i$，如果此时没有无功补偿容量可投，则可考虑通过改变该点电压上下限的方法间接引导优化去匹配后续负荷为快速爬坡情形的场景，此时该节点的上下限修正为 $U_{\min}^i=U_i^i+W$，$U_{\max}^i=U_{\max}^i$ [U_i^i 为此时该节点的电压，W 为用户定义的步长电压（$0\leqslant W<U_{\max}^i-U_i^i$）]。

（2）$L_A>L_B$。$L_A>L_B$ 时的负荷趋势如图 3-2 所示，此时 A 点处负荷大于 B 点处负荷，和 $L_A<L_B$ 情况类似有 5 种情况与之对应，K_{ab} 为后续负荷趋势的判断依据。当 K_{ab} 大于某一阈值时，可以近似认为给定周期范围内负荷滑坡较快，此时在 A 点进行无功优化计算时应考虑通过控制设备的提前动作来进行预测控制，此时优先考虑切除补偿设备，此时该节点无功注入变为 $Q_i^i=Q_i^i-Q_{i,-}^i$（$Q_{i,-}^i$ 为可切除的补偿容量），如果此时没有无功补偿容量可切，则通过改变母线电压限值来应对持续负荷的快速下降。此时该节点的上限改为 $U_{\max}^i=U_i^i-Z$，$U_{\min}^i=U_{\min}^i$（Z 为用户定义的步长电压 $0\leqslant Z<U_i^i-U_{\min}^i$）。

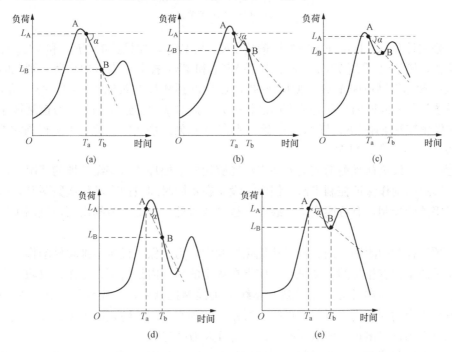

图 3-2　$L_A>L_B$ 时的负荷趋势

（a）A、B 点负荷滑坡，AB 单调；（b）A、B 点负荷滑坡，AB 不单调；（c）A 点负荷滑坡、B 点负荷爬坡；
（d）A 点负荷爬坡，B 点负荷滑坡；（e）A、B 点负荷爬坡

2. 防止投切震荡的处理策略

以上针对 $L_A>L_B$ 和 $L_A<L_B$ 两种情况讨论了预控制的方法，但在实际控制中，常会出现负荷波动较为频繁的情况，此时若直接采用预测方法来控制，则对一些负荷波动较为频繁的变电站，有可能出现本次控制的策略在较短的时间内控制又还原的情况发生，导致设备频繁投切。因此，在以上分析的基础上，需要继续对更长时间的负荷进行分析，以防止投切震荡。本节首先对后续负荷预测点进行划分，假设当前负荷点为 A，4 个周期（4T）后的负荷

点为B，8 个周期（8T）后的负荷点为 C，此时 A 点的预测控制策略为 YK_A，B 点的预测控制策略为 YK_B，C 点的预测控制策略为 YK_C。一般 A、B、C 三点的曲线大致分为单调和非单调两大类，后续负荷曲线单调情况判别如图 3‑3 所示。

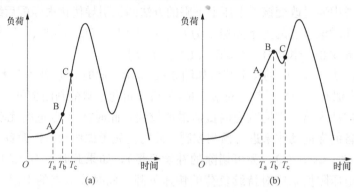

图 3‑3   后续负荷曲线单调情况判别

(a) 单调；(b) 不单调

    首先分别计算 A、B 点处的预测控制策略 YK_A 和 YK_B，如果此时 YK_A 和 YK_B 控制方案方向不相背，则 A 点采用 YK_A 控制；如果 YK_A 和 YK_B 控制方案方向相背，则此时需要计算 C 点处的预测控制策略 YK_C，此时如果 C 点处的预测控制策略 YK_C 与 YK_A 方向一致，则认为后续较长时间段内负荷趋势方向总体一致，此时 A 点仍采用 YK_A 为控制策略，如果 C 点处的预测控制策略 YK_C 与 YK_B 一致，则在 A 点处采用实时优化暂不进行预测控制。

    3. 预判策略的保护机制

    尽管基于母线负荷预测的波动处理方法能够较好地处理负荷持续爬坡的情况，从而使控制设备能够提前动作保证控制平滑，但由于设备在不同时间段内有动作次数限制，同时如果持续地采用预测控制，有可能会使母线电压过高或过低，因此本节提出两种机制确保控制的合理性。

    （1）预测控制的闭锁机制。在无功优化控制中，为了保证设备不被频繁动作，一个设备控制成功后通常都有相应的闭锁机制，使得在规定的周期内设备不再动作，以防止设备误动或频繁投切。基于同样考虑，在对某一母线采用预测控制后，也应对该母线实施相应的闭锁，使得在给定的周期内不再对该母线进行相应的预测控制，防止因连续的预测控制导致电压急升或急降的情况出现。该机制的周期 T_{YK} 可人为确定。

    （2）电压偏限值时的熔断机制。预测控制在实际运行中有可能会在一些特殊的情况下导致电压越限，如 A 点电压已经偏上限，但后续负荷仍然持续快速爬坡，此时如果采用预测控制，很可能导致母线电压越限，显然此种预测控制不合理。因此，借鉴金融领域的熔断机制，对传统的考核母线电压的上、下限进行调整，设置考核母线的熔断上、下限 $U_{DN\text{-}YK}$、$U_{UP\text{-}YK}$，其关系表示为

$$U_{DN\text{-}YK} \leqslant U_i \leqslant U_{UP\text{-}YK} \tag{3-5}$$

在实际控制中，当发现考核母线电压超出熔断上下限时，触发预测控制熔断机制，即使此时预测控制条件满足也不进行预测控制，以保证控制的合理性。

    二、多目标无功优化松弛控制模型

    前面讨论了负荷波动情况下设备预动作的处理方法。在实际控制中为了防止负荷瞬

时波动导致越限，通常设定的电压限值都小于实际电压限值。在引入设备的预动作之后，由于预动作常发生在负荷快速增长或下降阶段，使电压越限的风险加大，特别在负荷趋势发生反转时，如果此时触发设备预动作条件，则可能会加剧母线电压越限的可能。针对以上分析，通过对母线电压采用松弛的策略来缓解由于电压越限导致的优化不收敛问题，由于实际电网中，不同母线的重视程度不同，因此电压松弛的对象分别考虑以下两种情况。

（1）母线电压是 A 类电压（考核电压）。A 类电压为用户非常关心的电压，且为考核电压，此时母线的电压上、下限是经过压缩处理的，其约束如下：

$$\begin{cases} U_{i,k}^{\min} - S_{i,\mathrm{A}} \leqslant U_i \leqslant U_{i,k}^{\max} + S_{i,\mathrm{A}} \\ 0 \leqslant S_{i,\mathrm{A}} \leqslant \Delta u \end{cases} \quad (3-6)$$

式中：$U_{i,k}^{\max}$、$U_{i,k}^{\min}$ 分别为压缩后的电压上、下限；$S_{i,\mathrm{A}}$ 为 A 类电压松弛变量；Δu 为当前母线电压限值相对初始电压限值的压缩量。

由于 A 类电压的电压值是考核目标，因此一般不允许电压越限，因此松弛变量 $S_{i,\mathrm{A}}$ 的范围定义较窄，以防松弛变量较大时造成考核电压越限。

（2）母线电压是非 A 类电压（非考核电压）。对于母线电压为非 A 类电压的情况，此时电压上、下限不需要进行压缩，直接采用给定的初始电压上、下限，其约束如下：

$$\begin{cases} U_i^{\min} - S_{m,\mathrm{FA}} \leqslant U_i \leqslant U_i^{\max} + S_{m,\mathrm{FA}} \\ S_{m,\mathrm{FA}} \geqslant 0 \end{cases} \quad (3-7)$$

式中：$U_i^{\max}$、$U_i^{\min}$ 分别为非 A 类电压的母线电压上、下限；$S_{m,\mathrm{FA}}$ 为非 A 类电压松弛变量。

由于非 A 类电压考核和关注度相对较低，因此松弛变量 $S_{m,\mathrm{FA}}$ 不设上限，使得当非 A 类电压越限时，松弛变量可以有较大的值来松弛电压限值，确保优化有可行解，增强收敛性。

为了能在优化中在保持电压品质的同时兼顾收敛性，在传统多目标无功优化的基础上引入松弛变量，提出一种多目标无功优化松弛控制模型。模型的目标函数 F 分别由 $f_{S-P_{\mathrm{Loss}}}$、f_{VD} 两个目标构成，$f_{S-P_{\mathrm{Loss}}}$ 为以带有松弛因子的系统网损最小为目标的目标函数，f_{VD} 为以母线电压偏差最小为目标的目标函数。多目标无功优化松弛控制模型在网损目标中加入了松弛因子 $\sum\limits_{i=1}^{N_{\mathrm{A}}} \omega_i S_{i,\mathrm{A}}^2$，$\sum\limits_{m=1}^{N_{\mathrm{M}}} \omega_m S_{m,\mathrm{FA}}^2$。

$$F = \min(f_{S-P_{\mathrm{Loss}}}, f_{\mathrm{VD}})$$

$$\begin{cases} f_{S-P_{\mathrm{Loss}}} = \sum\limits_{i=1}^{N_{\mathrm{L}}} U_i \sum\limits_{j \in i} U_j G_{ij} \cos\theta_{ij} + \sum\limits_{i=1}^{N_{\mathrm{A}}} \omega_i S_{i,\mathrm{A}}^2 + \sum\limits_{m=1}^{N_{\mathrm{M}}} \omega_m S_{m,\mathrm{FA}}^2 \\ f_{\mathrm{VD}} = \sum\limits_{i \in N_{\mathrm{L}}} \left| \dfrac{U_i^{\mathrm{spec}} - U_i}{U_i^{\max} - U_i^{\min}} \right| \end{cases} \quad (3-8)$$

等式约束条件如下：

$$\begin{cases} P_i - U_i \sum\limits_{j=1}^{N_{\mathrm{L}}} U_j (G_{ij} \cos\theta_{ij} + B_{ij} \sin\theta_{ij}) = 0, i \in \mathbf{N_{\mathrm{L}}} \\ Q_i - U_i \sum\limits_{j=1}^{N_{\mathrm{L}}} U_j (G_{ij} \sin\theta_{ij} - B_{ij} \cos\theta_{ij}) = 0, i \in \mathbf{N_{\mathrm{L}}} \end{cases} \quad (3-9)$$

不等式约束条件如下：

$$\begin{cases} U_{\mathrm{G},i}^{\min} \leqslant U_{\mathrm{G},i} \leqslant U_{\mathrm{G},i}^{\max}, & i \in N_{\mathrm{G}} \\ U_{i,k}^{\min} - S_{i,\mathrm{A}} \leqslant U_i \leqslant U_{i,k}^{\max} + S_{i,\mathrm{A}}, & i \in N_{\mathrm{A}} \\ 0 \leqslant S_{i,\mathrm{A}} \leqslant \Delta u \\ Q_{\mathrm{C},i}^{\min} \leqslant Q_{\mathrm{C},i} \leqslant Q_{\mathrm{C},i}^{\max}, & i \in N_{\mathrm{C}} \\ Q_{\mathrm{G},i}^{\min} \leqslant Q_{\mathrm{G},i} \leqslant Q_{\mathrm{G},i}^{\max}, & i \in N_{\mathrm{G}} \\ K_{\mathrm{T},i}^{\min} \leqslant K_{\mathrm{T},i} \leqslant K_{\mathrm{T},i}^{\max}, & i \in N_{\mathrm{T}} \\ U_m^{\min} - S_{m,\mathrm{FA}} < U_m < U_m^{\max} + S_{m,\mathrm{FA}}, & m \in N_{\mathrm{M}} \\ S_{m,\mathrm{FA}} \geqslant 0, & m \in N_{\mathrm{M}} \end{cases} \qquad (3-10)$$

式中：ω_i 为在目标函数中对 A 类电压越限进行惩罚的系数；ω_m 为在目标函数中对非 A 类电压越限进行惩罚的权重；N_{M} 为非 A 类电压节点的集合；$S_{i,\mathrm{A}}$、$S_{m,\mathrm{FA}}$ 分别为引入的松弛变量，通过松弛变量的引入，松弛了电压节点的上、下限，提高了算法整体的收敛性；$U_{i,k}^{\max}$、$U_{i,k}^{\min}$ 分别为 A 类电压的压缩后的电压上、下限；$U_m^{\max}$、$U_m^{\min}$ 分别为非 A 类节点的额定电压上、下限。

三、控制流程分析

控制流程如图 3-4 所示。

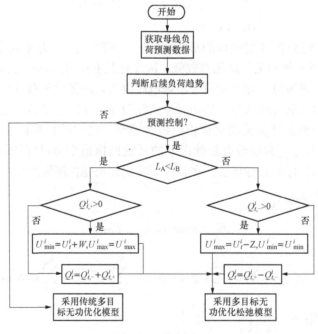

图 3-4   控制流程

第四节   多目标优化及求解方法研究

一、初始解的空间分配方法

进化算法优化多目标问题时，通常初始解是通过在变量的约束范围内随机生成的，但是通过随机方式产生的初始解有可能在搜索空间分布不均匀，不利于后续优化。因此，为了能够获得稳定且分布均匀的初始解，引入数论中的佳点集方法来构造初始种群，佳点集方法最初由华罗庚等人提出，下面介绍该方法的基本定义与性质。

设 G_s 是 s 维欧式空间的单位立方体，有 $x' \in G_s$，$x' = (x_1, \cdots, x_s)$，$0 \leqslant x_i \leqslant 1$ $(i=1, \cdots, s)$，则有以下结论：

(1) 设 G_s 中有 n 个点，$P_n(k) = \{[x_1^n(k), \cdots, x_s^n(k)], 1 \leqslant k \leqslant n, 0 \leqslant x_i^n(k) \leqslant 1, 1 \leqslant i \leqslant s\}$。对任意给定的 G_s 中的点 $r' = (r_1, \cdots, r_s)$，有 $N_n(r') = N_n(r_1, \cdots, r_s)$，且有 $0 \leqslant x_i^n(k) \leqslant r_i$，$i=1, \cdots, s$。$\varphi(n) = \sup\limits_{r \in G_s} \left| \dfrac{N_n(r)}{n} - |r| \right|$，$|r| = r_1 r_2 \cdots r_s$，则 $P_n(k)$ 有偏差 $\varphi(n)$。对 $\forall n$，$\varphi(n) = O(1)$，则 $P_n(k)$ 在 G_s 上偏差为 $\varphi(n)$。

(2) $r' \in G_s$，$P_n(k) = \{[r_1^n(k), \cdots, r_s^n(k)], k=1, \cdots, n\}$ 的偏差若满足 $\varphi(n) = C(r, \varepsilon) n^{(-1+\varepsilon)}$，$C(r, \varepsilon)$ 为正常数，则 $P_n(k)$ 为佳点集，r' 为佳点。$r_k = \left\{2\cos\dfrac{2\pi k}{p}\right\}$ 或者 $r_k = \{e^k\}$，满足 $1 \leqslant k \leqslant s$，$\dfrac{p-3}{2} \geqslant s$。

(3) Kiefer 定理：设 $x_1, \cdots, x_n$ 为均匀分布的独立同分布样本，点 $P_n = \{x_1, \cdots, x_n\}$ 的偏差 $D\{n, P_n\} = 0[n^{-1/2}(\log\log n)^{1/2}]$ 成立的概率为 1。

Kiefer 体现了佳点集的均匀性，在搜索空间中一般随机取 n 个点的偏差大概为 $O(n^{-1/2})$，采用佳点集取 n 个点的偏差 $O(n^{-1+\gamma})$，如果 $n = 10^{-6}$，随机取点的偏差为 $O(10^{-3})$，而采用佳点集法获得的点的偏差为 $O(10^{-6})$，显然佳点集方法取点的均匀性好于随机取点。因此采用佳点集理论来构造初始种群比用随机方法能使得初始解的分布更加均匀，有利于种群的进化。

二、约束和目标之间的均衡处理策略

在进化中约束的处理和目标函数的优化经常矛盾，有学者提出一种 ATM（adaptive trade-off model）机制来实现约束违反与目标函数之间的均衡。该方法根据种群中可行解的比例划分为没有可行解、半可行解、全是可行解三种不同的情况分别进行处理，其中种群中半可行解的情况是 ATM 方法的核心。这里假设种群中包含 T 个个体，下标由集合 Z 记录，$Z = \{1, 2, \cdots, T\}$。此时种群被分为可行解集合 Z_1 和不可行解集合 Z_2，其表示如下：

$$\begin{cases} Z_1 = \{i \mid G(x_i) = 0, i=1, \cdots, T\} \\ Z_2 = \{i \mid G(x_i) > 0, i=1, \cdots, T\} \end{cases} \tag{3-11}$$

找出可行解中最好可行解 f_{max} 和最差可行解 f_{min}，表示如下：

$$\begin{cases} f_{min} = \min\limits_{i \in Z_1} f(x_i) \\ f_{max} = \max\limits_{i \in Z_1} f(x_i) \end{cases} \tag{3-12}$$

转换目标函数实现均衡：

$$f'(x_i) = \begin{cases} f(x_i), & i \in Z_1 \\ \max\{\varphi \cdot f_{min} + (1-\varphi) \cdot f_{max}, f(x_i)\}, & i \in Z_2 \end{cases} \tag{3-13}$$

式中：φ 为上一代群体的可行解比例。

对不可行解的目标函数的标准化如下：

$$f_{nor}(x_i) = \frac{f'(x_i) - \min\limits_{j \in Z} f'(x_j)}{\max\limits_{j \in Z} f'(x_j) - \min\limits_{j \in Z} f'(x_j)}, i \in Z \tag{3-14}$$

对约束违反的标准化如下：

$$G_{nor}(x_i) = \begin{cases} 0, & i \in Z_1 \\ G(x_i), & i \in Z_2 \text{ and } 2 \\ \dfrac{G(x_i) - \min\limits_{j \in Z_2} G(x_j)}{\max\limits_{j \in Z_2} G(x_j) - \min\limits_{j \in Z_2} G(x_j)}, & i \in Z_2 \text{ and } 1 \end{cases} \tag{3-15}$$

式中：and 1 为第二章提到的约束处理方法中的第一种策略，即式（2-14）；and 2 为第二章提到的约束处理方法中的第二种策略，即式（2-15）。

采用第一种策略的时候，需要对 $G(x_i)$ 进行标准化。而采用第二种策略时由于式（2-15）已经对约束进行了处理，所以不需要再进行标准化处理。最终可表示为

$$f(x_i) = f_{nor}(x_i) + G_{nor}(x_i) \tag{3-16}$$

三、基于解集动态分析的多目标混沌差分进化算法

相比单目标优化约束，多目标优化约束问题更加复杂，对多目标求解的研究主要集中在求解速度、约束处理方法、Pareto 最优前沿的逼近等方面。本节在对当前多目标优化研究的基础上，提出一种新的基于解集动态分析的多目标混沌差分进化算法（MOCDEDASS），该算法通过对进化过程中解集情况的动态研判，针对当前解集中可行解的实际情况，采用不同的搜索策略指导进化操作。MOCDEDASS 以 DE 算法为基础，因此 DE 算法的参数 F 和 CR 的取值仍采用第二章提出的混沌序列来动态调整。

1. 解集全为不可行解的处理

在进化初期，可能出现解集中的解全为不可行的情况，此时算法应该尽可能地引导种群中的解快速进入可行域，根据第二章中的约束处理方法，此时对 m 个目标函数的约束优化问题被转换为 $m+1$ 个目标的无约束优化问题，$G(x_i)$ 为约束违反量。假设当前种群为 P_G，种群中个体为 NP，交叉和变异后生成子群为 H_G，合并种群 P_G 和 H_G 生成新的新种群为 T_G。此时变异策略的选取采用标准 DE 策略，这是因为初始搜索时种群没有最优解的先验信息，因此 best 系列策略并不适用，有可能对种群的进化产生误导。解集全为不可行解的处理步骤如下：

参数：NP 为当前种群的个体总个数；P_G 为当前种群。

Step1：选用 DE 变异策略 DE/rand/1，对父代种群进行的交叉变异操生成子代种群 H_G。

Step2：计算子代种群 H_G 中个体的约束违反程度 $G(x_i)$ 和可行解数量 NK。

Step3：$T_G = P_G + H_G$ /＊合并父代和子代种群＊/。

Step4：if $NK \neq 0$ then/＊判断 T_G 中是否有可行解 ＊/。

挑选可行解进入 G_{i+1} 中并删除 T_G 中的可行解，转入 Step5。

else 转入 Step5。

Step5：找出 T_G 中所有的非劣个体存于集合 $T_{G-pareto}$，并按照约束违反程度 $G(x_i)$ 对非劣个体进行升序排列。

Step6：$G_{i+1} = G_{i+1} \bigcup (T_{G-Pareto}/2)$ ／＊将 $T_{G-pareto}$ 中前一半的个体保存下一代到 G_{i+1}

中 * /。

　　Step7：$T_G = T_G - T_{G-pareto}/2$　　/ * 从 T_G 中删除 $T_{G-pareto}/2$ 个个体 * /。

　　Step8：if $N(G_{i+1}) = NP$ then 转入 Step9　　/ * 如果 G_{i+1} 中的个体个数达到 NP * /。

　　　　　else if $N(G_{i+1}) < NP$ then 回到 Step 4 继续执行

　　　　　else if $N(G_{i+1}) > NP$ then

　　　　　$NS = N(G_{i+1}) - NP$　　/ * 计算多余个体 * /。

从本次新加入的 $T_{G-pareto}/2$ 个体中按照束违反程度从大到小的顺利逐一删除多余的 NS 个体，直到 $N(G_{i+1}) = NP$，转入 Step9。

　　Step 9：结束本次进化计算，得到解集 G_{i+1}。

　　2. 解集为半可行解的处理

　　随着进化的深入，种群中的个体逐渐进入可行域，种群中将出现既有可行解又有不可行解的局面。此时需判断可行解在种群的比例，并根据这一比例给出不同情况下的种群进化策略，可行解的判断可通过比较 $rand(0,1)$ 和 NK/NP（NK 为当前种群可行解的数量）来进行大致分析，如果式（3-17）成立，则表明当前种群中可行解比例较少，此时种群进化的策略应使更多的不可行解进入可行域，但是由于此时种群中可行解较少，种群还处于进化前期，此时种群最优解并不具有实际的指导意义，因此变异策略仍选择具有无偏特性的 DE/rand/1 策略。

$$rand(0,1) > NK/NP \tag{3-17}$$

　　在选择种群下一代个体时，采用有利于不可行解进入可行域的策略，采用以下策略来进行子代和父代之间的选择：

　　（1）当父代个体和子代个体都为不可行解时，选取约束违反小的个体。

　　（2）当父代个体和子代个体一个是可行解另一个是不可行解的时候，选择可行解。

　　（3）当父代个体和子代个体都为可行解的时候，如果可相互支配，则选择支配个体，否则随机选择一个个体。

　　如果式（3-18）成立，则表明当前种群可行解比例可能较高，此时算法除了探寻最优解，还应兼顾考虑种群的多样性及对不可行解的关注，因为此时种群已逐渐向 Pareto 最优前沿靠近，在进化过程中，部分不可行解有可能包含种群中最优前沿的重要信息。

$$rand(0,1) < NK/NP \tag{3-18}$$

　　在变异策略的选择上，由于此时种群中可行解比例较高，种群中的最优非劣解具有了一定指导意义，因此可以考虑采用基向量为 best 的策略加速不可行解的进化。相比 DE/best/1 变异策略，DE/best/2 变异策略除了能够引导个体朝着种群中最优非劣解方向靠近外，其扰动向量也能增强种群的多样性。在多目标优化中由于没有最优解的概念，只有最优解集的概念，因此 $x_{best,g}$ 采用随机选择当前种群的最优非支配解集中的解进行替代。尽管 best 策略能够加速种群进化和收敛，但具有无偏和多样性较好的 rand 策略也不能被忽视。考虑到当前可行解的情况，广泛地探测不同的解在现阶段能更好地保持种群多样性，DE/rand/2 策略相比 DE/rand/1 策略增加了扰动，使得探测更加广泛，此时 DE/rand/2 策略更具有优势。考虑到两种策略的优劣，如何合理地使用两类策略，是一个非常重要问题。

　　本节采用一种机制选择两类不同的变异策略，假设当前种群可行解个数为 $NK(G_i)$，经过交叉和变异后，子代种群可行解个数为 $NK(H_G)$。如果变异策略采用 DE/rand/2，当

$NK(G_i) > NK(H_G)$ 时，此时变异策略可行，下一代进化时保持变异策略不变，否则在下一代进化时选择 DE/best/2 替换 DE/rand/2。如果变异策略采用 DE/best/2，生成子代后，当 $NK(G_i) \geqslant (1+\lambda) \cdot NK(H_G)$，$\lambda \in (0.05, 0.1)$，此时认为进化较快，不利于种群多样性，在下一代进化中改用 DE/rand/2（初始时刻采用 DE/rand/2 策略，λ 为给定区间内的随机数）。

　　挑选下一代解的策略：由于此时不可行解的数量相对较少，因此对不可行解中包含的信息应重点关注，因为随着可行解的不断增加，种群不断逼近最优前沿，此时某些不可行解中可能会包含 Pareto 最优前沿解的部分信息。因此，根据约束和目标之间采用均衡的思想，将具有 m 个目标的多目标约束优化问题，通过目标和约束的均衡处理，转换为 m 个目标的无约束优化问题，并得到均衡后的目标 $f(x)$，最后将可行解和转换目标之后的个体再次进行合并，形成新的种群 T_G。对 T_G 进行非劣排序，并将非劣排序的解逐层加入下一代种群 G_{i+1} 中，如果出现最后加入的个体大于种群的个数 NP，则采用拥挤距离删除多余个体，直到满足种群的个数 NP 为止。解集为半可行解的处理步骤如下：

　　Step1：$S=1$ /＊变异策略选择，1 为 DE/rand/2 策略；2 为 DE/best/2 策略＊/。

　　Step2：计算当前种群 P_G 中每个个体的目标函数值，约束违反程度和可行解个数 NK。

　　Step3：if $rand\ (0, 1) > NK/NP$ then /＊可行解较少情况＊/

　　　　for $i=1$ to NP do /＊对种群中的所有个体进行循环＊/

　　　　Get v_i /＊采用 DE/rand/1，对个体 x_i 进行变异和交叉操操作生成个体 v_i＊/

　　　　if$(x_i, v_i) \in$ 可行解 then

　　　　　　如果 x_i，v_i 相互支配，则选择支配个体，否则随机选择一个个体。

　　　　if$(x_i, v_i) \in$ 不可行解 then 选取约束违反小的个体

　　　　if(x_i, v_i) 只有一个是可行解 then 选择可行解个体

　　　　end for。

　　Step4：else /＊可行解较多的情况＊/

　　　　采用 S 策略对父代种群进行变异和交叉操作得到子代种群 H_G

　　　　if $S=1$ then

　　　　　　if $NK\ (G_i) \leqslant NK(H_G)\ \{S=2\}$

　　　　else if $S=2$ then

　　　　　　if $NK\ (G_i) \geqslant (1+\lambda) \cdot NK(H_G)\ \{S=1\}$ /＊$\lambda \in (0.05, 0.1)$＊/

　　　　$T_G = G_i + H_G$　　/＊合并父代和子代种群，并分为 $T_{G-\text{infeasible}}$ 和 $T_{G-\text{feasible}}$＊/

　　　　if $T_{G-\text{infeasible}}$ then　　/＊对 T_G 中的不可行解集合 $T_{G-\text{infeasible}}$ 处理＊/

　　　　$f(x_i) = f_{nor}(x_i) + G_{nor}(x_i)$　　　/＊采用均衡思想转换目标函数值＊/

　　　　$T_G = T_{G-\text{feasible}} \bigcup T_{G-\text{infeasible}}$

　　　　$ND_k = \{ND_1, \cdots, ND_k\}$ 令 $k=1$，$G_{i+1} = \varnothing$　　/＊采用非劣排序将解集分为 k 层非劣解＊/

　　　　　　while $N(G_{i+1}) < NP$ do/＊将 ND_k 放入子代种群＊/

　　　　　　　　$G_{i+1} = G_{i+1} \bigcup ND_k$；$k=k+1$；

　　　　　　end while

　　if $N(\mathbf{G}_{i+1}) > NP$ then

采用拥挤距离删除第 ND_{k-1} 层中 $N(\mathbf{G}_{i+1}) - NP$ 多余个体，直到 $N(\mathbf{G}_{i+1}) = NP$。

　　Step5：结束本次进化搜索，得到解集 $\mathbf{G}_{i+1}$。

　　3. 解集为全可行解的处理

　　当种群中全为可行解，此时除了加速种群的收敛外，还应保持种群的多样性，使得算法能够在解空间更广泛地探测 Pareto 最优前沿，本节给出一种基于正交交叉算子的最优 Pareto 解探测方法，用于种群中全为可行解时的处理。本书第二章详细介绍了正交交叉算子的性能，本章引入该算子用于加速可行域内最优 Pareto 解的探测。如果探测中出现了不可行解，考虑到这些不可行解很有可能包含有用信息，采用约束和目标均衡的思想，转变不可行解，并最终和种群中其他个体一起进行选择操作。

　　(1) 变异算子的选择策略。当种群全为可行解时，进化的目标是引导种群逼近 Pareto 最优前沿，此时种群中的最优非劣个体具有较好的指导意义。选用基向量为 best 的策略来引导种群加速逼近 Pareto 最优前沿，具有加速收敛的优势，但是种群多样性无法得到较好体现，考虑到基于正交交叉的探测方法能够有效地探测最优 Pareto 解，此时种群的变异策略应更多体现种群的多样性特征。在第一章介绍的变异策略中，DE/rand/2 和 DE/current - to - rand/1 都因增加了扰动向量被认为具有更好的多样性，DE/current - to - rand/1 更适合求解具有旋转特征的问题。当遇到旋转问题时，优先选择 DE/current - to - rand/1 策略；当遇到非旋转问题的时候，采用 DE/rand/2 策略。

　　(2) 基于正交交叉的最优 Pareto 解探测方法。合并父代种群 $\mathbf{P}_G$ 和子代种群 $\mathbf{H}_G$ 后生成新种群 $\mathbf{T}_G$，此时对 $\mathbf{T}_G$ 进行非劣排序（假设有 k 层非劣解）。如果对种群中所有个体都采用正交交叉算子进行探测，则计算量巨大，为了实现对可行域中不同区域探测的同时又兼顾计算效率，本节设计一种新的探测机制。通过对解集中非劣排序后不同非劣层中个体的选择机制，有效地控制正交交叉算子的使用频率。在第一层非劣解中首先计算不同个体间的距离。

$$d_{i,i+1} = \sum_{m=1}^{M} |f_m^i - f_m^{i+1}| \tag{3-19}$$

式中：$d_{i,i+1}$ 为第 i 个个体和第 $i+1$ 个个体之间的距离；f_m^i 和 f_m^{i+1} 分别为第 i 个和第 $i+1$ 个个体在第 m 个目标上的目标函数值。

　　接着采用式（3-20）计算所有距离的平均值。

$$avg(d_{i,i+1}) = \frac{\sum_{i=1}^{N-1} d_{i,i+1}}{N-1} \tag{3-20}$$

　　选择相邻个体间距大于 $avg(d_{i,i+1})$ 的距离单位放入集合 $\mathbf{MD}$，集合 $\mathbf{MD}$ 表示为 $\mathbf{MD} = \{d_{i,i+1}, \cdots, d_{t,t+1}\}$，此时集合中的个体间距表示解中个体距离较为稀疏的情况，但如果对间距两端的个体全部进行探测，则计算量仍较大。考虑到计算效率，本节在距离的两个端点中只选择一端作为探测个体，以距离 $d_{i,i+1}$ 为例子，如果 i、$i+1$ 中有任一端为边界点，则对边界点进行探测，如果都不是边界点，则计算 $d_{i-1,i}$ 和 $d_{i+1,i+2}$ 并比较大小，如果 $d_{i-1,i}$ 较大则选择 i 进入探测点列表，否则选择 $i+1$ 进入探测点列表，如果 $d_{i-1,i} = d_{i+1,i+2}$，则 i、$i+1$ 同时选入探测点列表。探测点选择示意如图 3-5 所示。

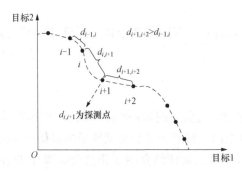

图 3 - 5　探测点选择示意图

上面分析了对同一层探测点的选择方法，如果解集中非劣解不止一层，则对所有层采用以上方法进行探测，计算量仍可能较大，因此本节只对填满集合 G_{i+1} 的前 u 层进行处理。最终对探测列表中所有个体进行正交交叉操作时，如果在某个个体的探测中出现了不可行解，则采用均衡思想转换目标函数值，最终将 T_G 中前 u 层的解和探测列表中所有个体生成的正交交叉解进行合并，生成新的集合 T_w，对 T_w 采用非劣排序和拥挤距离选择策略，选择 NP 个体存入下一代种群 G_{i+1}。解集全为可行解的处理步骤如下：

Step1：根据变异策略对父代种群进行变异和交叉操作，生成子代种群 H_G。

Step2：$T_G = P_G + H_G$ / * 合并父代和子代种群 * /。

Step3：$ND_k = \{ND_1, \cdots, ND_k\}$ 令 $k = 1$，$G'_{i+1} = \varnothing$ / * 采用非劣排序将解集分为 k 层非劣解 * /。

Step4：while $N(G'_{i+1}) < NP$ do/ * 将 ND_k 放入 G'_{i+1} * /。
$G'_{i+1} = G'_{i+1} \bigcup ND_k$；$k = k+1$；
　　　end while

Step5：令 $j = 1$，$Search_G = \varnothing$ / * 初始化探测点链表 * /
for $j = 1$ to k do 　　 / * 对 k 层非劣解进行循环，寻找每一层中的正交个体 * /
calculate $d_{i,i+1}$ and $avg(d_{i,i+1})$ / * 计算每一层个体间距离和平均距离 * /
select $d_{i,i+1}$ to MD 　　 / * 选择大于平均距离的距离段存入 MD * /
for $u = 1$ to MD_j do
compare $d_{i-1,i}$ and $d_{i+1,i+2}$ / * 比较距离段大小 * /
add i to $Search_G$ 　　 / * 确定选入探测点链表的正交个体 * /
end for

Step6：令 $t = 1$，$OX_G = \varnothing$ 　　 / * 初始化正交链表 * /
　　 for $t = 1$ to $N(Search_G)$ do / * 对探测点链表中的个体进行正交交叉操作 * /
　　　　 execute QOX 　 / * 执行正交交叉操作 * /
　　　　 add QOX to OX_G / * 将正交交叉获得解存入正交链表 * /
　　　　 end for

Step7：$T_w = G'_{i+1} \bigcup OX_G$ / * 合并种群 * /
$ND_w = \{ND_1, \cdots, ND_w\}$ 令 $w = 1$，$G_{i+1} = \varnothing$ / * 采用非劣排序将解集分为 w 层非劣解 * /

　　 while $N(G_{i+1}) < NP$ do / * 将 ND_w 放入子代种群 * /
　　　　 $G_{i+1} = G_{i+1} \bigcup ND_w$；$w = w+1$；
　　 end while
　　 if $N(G_{i+1}) > NP$ then
　　 采用拥挤距离删除第 ND_{k-1} 层中 $N(G_{i+1}) - NP$ 多余个体，直到 $N(G_{i+1}) = NP$

Step8：结束本次进化搜索，得到解集 G_{i+1}

4. MOCDEDASS 的总体框架

参数：NP：当前种群的个体总个数；G_{max}：最大迭代次数；P_0：初始种群；P_G：当前种群；NK：种群中可行解的个数

Step1：初始化。

　　Step1.1：初始化当前种群的代数，令 $G=0$。

　　Step1.2：初始化 DE 参数：F_0、CR_0。

　　Step1.3：采用佳点集的方法初始化种群，获得初始种群 P_0。

Step2：计算当前种群 P_G 中每个个体的目标函数值，约束违反量和可行解个数 NK。

Step3：对种群根据可行解的情况进行搜索。

　　Step3.1：根据 Logistic 映射，计算参数 F、CR。

　　Step3.2：if $NK=0$ then/＊没有可行解的情况＊/

对种群中全为不可行解的情况进行处理

if $(NK\neq0$ and $NK<NP)$ then /＊有可行解和不可行解的情况＊/

对种群中有可行解和不可行解的情况进行处理

if $(NK=NP)$ then/＊全为可行解的情况＊/

if 有旋转特性 then ｛采用 DE/current‐to‐rand/1 策略｝

else ｛采用 DE/rand/2 策略｝

对种群中全为可行解的情况进行处理

　　Step3.3：获得子代种群 G_{i+1}。

Step4：$G=G+1$。

Step5：if $G\geqslant G_{max}$ then ｛结束本次计算｝/＊达到收敛条件＊/。

else 转入 Step2。

四、MOCDEDASS 求解多目标无功优化

1. 控制变量的选取和编码策略

多目标无功优化的控制变量包括发电机机端电压、可调变压器变比和并联电容器/电抗器无功补偿容量，其表示如下：

$$x_i=[U_{g_1},\cdots,U_{g_N},T_{k_1},\cdots,T_{k_N},Q_{C_1},\cdots,Q_{C_N}] \tag{3-21}$$

式中：U_{g_i} 为发电机机端电压，为连续变量；T_{k_i}、Q_{C_i} 分别为可调变压器变比和无功补偿容量，都为离散控制变量。

由于 DE 算法是一个在连续空间的搜索算法，因此需要将离散变量连续化，实数编码方式用于给连续变量进行编码，离散变量的求解结果最终归整至最近的离散值，具体方法如下：

$$\begin{cases} T_{k_i}=k_{min}+round\left(\dfrac{k-k_{min}}{l_k}\right)\times l_k \\ Q_{C_i}=Q_{min}+round\left(\dfrac{Q-Q_{min}}{l_Q}\right)\times l_Q \end{cases} \tag{3-22}$$

式中：$round$ 为取整算法；l_k、l_Q 分别为分接头调节步长和无功补偿调节步长。

2. 佳点集用于初始化解的方法

在 W 维空间 H 中取 n 个佳点的佳点集表示为 $P_n(i)=\{(\{r_1i\},\cdots,\{r_si\}),i=1,2,\cdots,$

$n\}$，当个体采用实数编码时第 i 个体表示为 $x_i = [U_1^i, \cdots, U_{g_N}^i, T_{g_N+1}^i, \cdots, T_{g_N+k_N}^i,$
$Q_{g_N+k_N+1}^i, \cdots, Q_{g_N+k_N+C_N}^i]$

此时 U_k^i 的取值为

$$\begin{cases} U_k^i = U_{k,\min} + \{r_k * i\} * (U_{k,\max} - U_{k,\min}) \\ U_{k,\min} \leqslant U_k^i \leqslant U_{k,\max}, k = 1, \cdots, g_N \end{cases} \quad (3\text{-}23)$$

此时 T_k^i 的取值为

$$\begin{cases} T_k^i = T_{k,\min} + \{r_k * i\} * (T_{k,\max} - T_{k,\min}) \\ T_{k,\min} \leqslant T_k^i \leqslant T_{k,\max}, k = g_N + 1, \cdots, g_N + k_N \end{cases} \quad (3\text{-}24)$$

此时 Q_k^i 的取值为

$$\begin{cases} Q_k^i = Q_{k,\min} + \{r_k * i\} * (Q_{k,\max} - Q_{k,\min}) \\ Q_{k,\min} \leqslant Q_k^i \leqslant Q_{k,\max}, k = g_N + k_N + 1, \cdots, g_N + k_N + C_N \end{cases} \quad (3\text{-}25)$$

此时 r_k 可表示为

$$\begin{cases} r_k = \{2\cos\dfrac{2\pi k}{p}\} \ 或 \ r_k = \{e^k\} \\ 1 \leqslant k \leqslant g_N + k_N + C_N, p \geqslant 2(g_N + k_N + C_N) + 3 \end{cases} \quad (3\text{-}26)$$

3. 约束处理方法

$G(x)$ 为个体对所有约束的违反量，对 $G(x)$ 的处理本节采用第二章介绍的约束处理方法中的（方法二）进行处理，表示如下：

$$G(x_i) = \left(\frac{|U_i - U_{i,\max}|}{\max|U_i - U_{i,\max}|} + \frac{|Q_i - Q_{i,\max}|}{\max|Q_i - Q_{i,\max}|}\right)/2, i = 1, \cdots, u$$

或 $\quad G(x_i) = \left(\frac{|U_i - U_{i,\min}|}{\max|U_i - U_{i,\min}|} + \frac{|Q_i - Q_{i,\min}|}{\max|Q_i - Q_{i,\min}|}\right)/2, i = 1, \cdots, u \quad (3\text{-}27)$

对于离散变量采用离散变量连续化的方法进行处理，并对每代中离散变量的优化结果进行一次锁定，选取最靠近的整数作为此时的优化结果，并最终用潮流对优化结果进行校验。

4. 最优折中解的处理方法

多目标算法尽管能获得模型的 Pareto 最优解集，但本节的优化模型需要一个确定的解，因此如何获得一个让各方满意的最优折中解，是一个重要的研究课题。通常最优折中解多采用模糊隶属度函数方式选取，考虑到模型的目标函数中没有明显的偏好，需要进行无偏选择。采用一种基于模糊满意度的熵权逼近理想解的排序法（TOPSIS）来挑选最优无偏折中解。

首先运用模糊集理论，将 Pareto 最优解集中的解通过模糊隶属度函数（3-28）进行模糊化，生成每个解对不同目标的满意度矩阵 $A_{u_{i,j}}$。

$$u_{i,j} = \begin{cases} 1, & f_{i,j} \leqslant f_j^{\min} \\ \dfrac{f_j^{\max} - f_{i,j}}{f_j^{\max} - f_j^{\min}}, & f_j^{\min} < f_{i,j} < f_j^{\max} \\ 0, & f_{i,j} \geqslant f_j^{\max} \end{cases} \quad (3\text{-}28)$$

$$A_{u_{i,j}} = \begin{bmatrix} u_{1,1} & u_{1,2} & \cdots & u_{1,j} \\ u_{2,1} & u_{2,2} & \cdots & u_{2,j} \\ \vdots & \vdots & \ddots & \vdots \\ u_{i,1} & u_{i,2} & \cdots & u_{i,j} \end{bmatrix} \quad i=1,\cdots,N_{\text{Pareto}}, j=1,\cdots,N_{\text{obj}} \quad (3\text{-}29)$$

式中：N_{Pareto} 为 Pareto 最优解集的个数，N_{obj} 为目标函数的个数，$f_j^{\max}$、$f_j^{\min}$ 分别为目标 j 上的最大值、最小值。

此时 $A_{u_{i,j}}$ 可看成个体对目标的决策信息矩阵。为了保证目标间量纲的一致，对 $A_{u_{i,j}}$ 进行标准化，得到标准化矩阵 $P_{u_{i,j}}$。

$$(P_{u_{i,j}})_{N_{\text{Pareto}} \times N_{\text{obj}}} = \begin{bmatrix} P_{1,1} & P_{1,2} & \cdots & P_{1,N_{\text{obj}}} \\ P_{2,1} & P_{2,2} & \cdots & P_{2,N_{\text{obj}}} \\ \vdots & \vdots & \ddots & \vdots \\ P_{N_{\text{Pareto}},1} & P_{N_{\text{Pareto}},2} & \cdots & P_{N_{\text{Pareto}},N_{\text{obj}}} \end{bmatrix}, P_{i,j} = u_{i,j} / \sum_{i=1}^{j} u_{i,j} \quad (3\text{-}30)$$

传统 TOPSIS 是通过运行人员给定权值来计算加权标准化决策矩阵，由于给定权值有可能造成偏好，因此在确定权值时，需要找出一个无偏的权重确定方法，以免受到人为主观干扰。熵最早由 K. CLausius 在 1854 年被提出来，用来描述系统内分子无序的一个物理量函数，熵越高说明系统越紊乱，反之则表明系统越稳定。信息熵是用来反映系统无序程度的一个度量，定义如下：

$$\begin{cases} H(M) = -k \sum_{i=1}^{n} P(M_i) \times \ln P(M_i) \\ k > 0, \sum_{i=1}^{n} P(M_i) = 1 \end{cases} \quad (3\text{-}31)$$

式中：M_i 为信息源 $\{M_1, \cdots, M_n\}$ 中的某一个信息量；$P(M_i)$ 为 M_i 出现的概率。

随着信息量的扩大，信息熵的值会变小，式（3-31）中第 j 个目标的熵可表示为

$$H_j = -\frac{1}{\ln N_{\text{Pareto}}} \sum_{i=1}^{N_{\text{Pareto}}} (P_{i,j} \times \ln P_{i,j}) \quad (3\text{-}32)$$

得到第 j 个目标的熵后可根据式（3-33）确定各目标的客观权重，即熵权 ω_j。ω_j 反映了该目标在不同个体间的差异程度，ω_j 越大表明在不同个体间的差异越大，反之亦然。

$$\omega_j = \frac{1 - H_j}{N_{\text{obj}} - \sum_{j=1}^{N_{\text{obj}}} H_j} \quad (3\text{-}33)$$

根据客观权重构造最终的标准化加权决策矩阵。

$$(M_{i,j})_{N_{\text{Pareto}} \times N_{\text{obj}}} = \omega_j (P_{i,j})_{N_{\text{Pareto}} \times N_{\text{obj}}} \quad (3\text{-}34)$$

此时采用 TOPSIS 对 $(M_{i,j})_{N_{\text{Pareto}} \times N_{\text{obj}}}$ 进行处理，首先计算正负理想方案 M^+、M^-。

$$\begin{cases} M_j^+ = \max(M_{i,j}), M_j^- = \min(M_{i,j}), j \in T_1 \\ M_j^+ = \max(M_{i,j}), M_j^- = \min(M_{i,j}), j \in T_2 \end{cases} \quad (3\text{-}35)$$

式中：T_1 为效益型指标；T_2 为成本型指标。

然后计算每个个体到正负理想解的距离。

$$
\begin{cases}
d_i^+ = \sqrt{\sum_{j=1}^{N_{obj}} (M_{i,j} - M_j^+)} \\
d_i^- = \sqrt{\sum_{j=1}^{N_{obj}} (M_{i,j} - M_j^-)}
\end{cases}, \ i = 1, \cdots, N_{Pareto}
\tag{3-36}
$$

最终计算各个体的相对贴近度 C_i，选择 C_i 最大的个体作为最终最优折中解。

$$
C_i = \frac{d_i^-}{d_i^- + d_i^+}, i = 1, \cdots, N_{Pareto}
\tag{3-37}
$$

5. MOCDEDASS 求解无功优化模型的流程

MOCDEDASS 求解无功优化模型的流程图如图 3-6 所示。

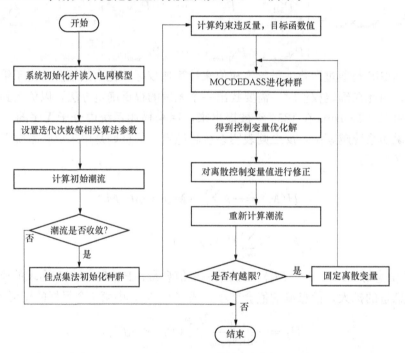

图 3-6　MOCDEDASS 求解无功优化模型的流程图

第五节　仿真测试与分析

一、MOCDEDASS 的性能分析

1. 算例系统

算例系统采用 IEEE 30 节点标准系统。系统基准功率 100MV·A，发电机电压上下限范围为 [0.95, 1.05]，可调变压器变比下限范围为 [0.9, 1.1]，变比步长为 0.01。为证明 MOCDEDASS 的有效性，本节采用具有代表性的多目标算法 NSGA-II、SPEA2、MOGA、MODE 分别和提出算法进行对比分析，群体规模为 100，进化代数为 150，正交表采用和第二章 IDEBDSS 一致，为了分析算法的鲁棒性，算法独立运行 40 次。

2. Pareto 前沿比较

图 3-7 给出了不同算法获得的最优 Pareto 前沿 $P_F^{(150)}$，相比其他算法，MOCDEDASS 获得的解集更靠近坐标轴的两边，且分布更均匀。为了能够直观地分析和比较不同 Pareto 前沿解的优劣情况，对比分析以下两种情况：①模型中网损目标值小于 6.9MW 时，各方法得到的电压偏移；②模型中电压偏移目标低于 4.0（标幺值）时，各算法的网损。在网损低于 6.9MW 时，MOCDEDASS 获得了最小的电压偏移为 3.9352；当电压偏移低于 4.0 时，MOCDEDASS 同样获得了最小系统损耗，为 6.8874MW。不同方式下的最优解见表 3-1。

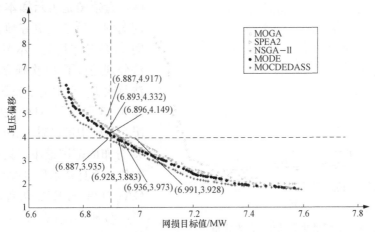

图 3-7　不同多目标进化算法的 Pareto 前沿

表 3-1　　　　　　　　　　　不同方式下的最优解

比较	算法	控制变量（标幺值）												目标函数	
		UG1	UG2	UG5	UG8	UG11	UG13	UC10	UC24	T6 −9	T6 −10	T4 −12	T28 −2	网损/ MW	电压偏移 （标幺值）
方式1	SPEA2	1.0752	1.0633	1.0237	1.0296	1.0768	1.0624	0.0400	0.0400	1.0125	1.0000	1.0375	0.9875	6.8876	4.9175
	NSGA-II	1.0793	1.0652	1.0267	1.0388	1.0754	1.0276	0.1900	0.0400	1.0875	0.9750	1.0125	0.9875	6.8873	4.4493
	MODE	1.0759	1.0612	1.0293	1.0361	1.0239	1.0517	0.1200	0.0300	1.0875	0.9000	1.0125	0.9750	6.8967	4.1492
	MOCDEDASS	1.0785	1.0612	1.0314	1.0382	1.0068	1.0352	0.1900	0.0400	1.0750	0.9250	1.0125	0.9750	6.8874	3.9352
方式2	SPEA2	1.0629	1.0477	1.0158	1.0251	1.0649	1.0578	0.0040	0.0040	1.0000	0.9875	1.0250	0.9750	6.9913	3.9284
	NSGA-II	1.0705	1.0576	1.0236	1.0335	1.0632	1.0328	0.1900	0.0400	1.0625	0.9750	1.0000	0.9750	6.9443	3.9614
	MODE	1.0716	1.0556	1.0217	1.0312	1.0368	1.0527	0.1200	0.0400	1.0875	0.9125	1.0375	0.9750	6.9283	3.8832
	MOCDEDASS	1.0785	1.0612	1.0314	1.0382	1.0068	1.0352	0.1900	0.0400	1.0750	0.9250	1.0125	0.9750	6.8874	3.9352

3. δ_{SP} 的分布

尽管 Pareto 前沿能够直观地反映优化的结果，但是不易看出非支配解的均匀性和分布情况，δ_{SP} 用来反映算法获得的 Pareto 前沿在目标空间上分布的均匀性，计算如下：

$$\begin{cases} \delta_{SP} = \sqrt{\dfrac{1}{M-1}\sum_{i=1}^{M}(d_i - \tilde{d})^2}, \tilde{d} = \sum_{i=1}^{M} d_i/M \\ d_i = \min[\sum_{N=1}^{M} |f_N(x_i) - f_N(x_j)|], i, j \neq i \end{cases} \tag{3-38}$$

式中：M 为 Pareto 前沿中非支配解的个数；$f_N(x_i)$ 为个体 x_i 对应的第 N 个目标函数；M 为目标函数数量；$\tilde{d}$ 为 d 的均值。

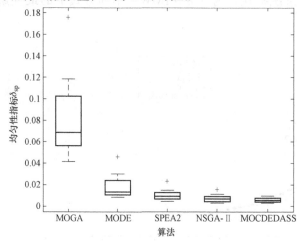

图 3-8　不同进化算法的 δ_{SP} 的分布

δ_{SP} 的分布情况需通过盒须图来反映，盒须图是表示样本分布情况的常用图例。为了能更好地比较不同算法间 δ_{SP} 的分布情况，本节对不同进化算法分别进行了 40 次独立运行，并对算法每次 $P_F^{(150)}$ 中的非支配解进行统计。图 3-8 展示了不同算法的 δ_{SP} 分布情况，从图中可以看出 MOCDEDASS 的 δ_{SP} 分布的范围最小，具有最小的中位数值，而且结果稳定没有异常点。NS-GA-II 和 SPEA2 两者的表现基本相当，两种算法的 δ_{SP} 与 MOCDEDASS 较为接近，但都有异常点出现。

MODE 相比前三种算法在 δ_{SP} 上略有不足，但差距并不大，和 NSGA-II、SPEA2 比较其异常点距离 δ_{SP} 最大值的距离变大，说明其异常点的异常程度加重。MOGA 的指标不但中位数较大，而且异常点的异常程度也大于其他算法。不同进化算法的 δ_{SP} 的分布如图 3-8 所示，从图 3-8 的 Pareto 前沿分布图也可以看出 MOGA 算法与其他算法比较不但解比较稀疏而且分布很不均匀。

4. 外部解迭代过程比较

外部解是指算法在最终 Pareto 前沿中各目标最小解的集合，本节外部解为网损目标和电压偏移目标的 2 个最小解的集合，这 2 个解位于 $P_F^{(150)}$ 的两端，外部解的优劣从一个侧面反映了解集在目标空间的分布情况。

$$\begin{cases} x_{P_{\text{Loss}}}^{(k)} = \{x_i \mid \forall x_j \in S^{(k)}: f_{P_{\text{Loss}}}(x_j) \leqslant f_{P_{\text{Loss}}}(x_i)\} \\ x_{VD}^{(k)} = \{x_i \mid \forall x_j \in S^{(k)}: f_{VD}(x_j) \leqslant f_{VD}(x_i)\} \end{cases} \tag{3-39}$$

式中：$x_{P_{\text{Loss}}}^{(k)}$、$x_{VD}^{(k)}$ 分别为第 k 代对应于目标 $f_{P_{\text{Loss}}}$ 和 f_{VD} 的外部解。

将不同算法独立运行 40 次，目标函数 $f_{P_{\text{Loss}}}$ 和 f_{VD} 分别可获得 40 个外部解 $x_{P_{\text{Loss}}}^{(k)}$ 和 $x_{VD}^{(k)}$，分别统计 40 个解对应的网损和电压偏移，即 $f_{P_{\text{Loss}}}(x_{P_{\text{Loss}}}^{(k)})$ 的平均值和 $f_{VD}(x_{VD}^{(k)})$ 的平均值。系统网损的外部解收敛曲线及分布如图 3-9 所示，通过比较可以看出，MOCDEDASS 表现出优势，从外部解收敛曲线的迭代过程来看，MOCDEDASS 在网损和电压偏移上都获得了最小值，同时收敛速度都快于其他算法。不同算法进化 40 次运行结果比较见表 3-2，表中展示了不同算法的外部解的分布范围和数值稳定性，从表 3-2 可以看出，MOCDEDASS 获得的分布范围最广（这和图 3-7 中 Pareto 前沿的分布情况吻合，即最终的 Pareto 前沿分布范围更广），同时 40

次对立运行后的外部解的方差也最小，这也说明了算法的数值稳定性较强。

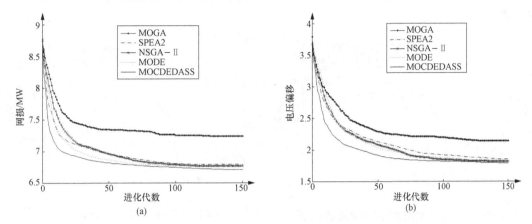

图 3 - 9　系统网损的外部解收敛曲线及分布
(a) 网损收敛曲线；(b) 电压偏移收敛曲线

表 3 - 2   不同算法进化 40 次运行结果比较

算法	目标函数 1			目标函数 2		
	最优解	均值	方差	最优解	均值	方差
MOGA [142]	7.061	7.158	0.0237	2.177	2.219	0.0128
MODE [181]	6.742	6.779	0.0049	1.796	1.835	0.0066
SPEA2 [179]	6.773	6.817	0.0072	1.787	1.831	0.0079
NSGA−Ⅱ [174]	6.759	6.793	0.0065	1.764	1.817	0.0073
MOCDEDASS	6.706	6.715	0.0026	1.753	1.785	0.0057

二、不同模型和控制方法的运行效果对比分析

通过以上对 IEEE 标准节点的分析，验证了 MOCDEDASS 的可行性。本节将采用真实区域电网数据进行仿真，通过实际控制效果进一步验证本书提出模型和控制方法的有效性和合理性。实际系统为 748 个节点、756 条线路、399 个变压器，6 个发电厂，电网总负荷为 54271.6MW。

1. α 的参数敏感性分析

本节的控制策略中参数 α 是一个重要的判别依据，它的取值会直接影响控制效果。本节分别对峰谷较为明显的 4 个变电站取不同的 α，进行 24h 连续优化控制，对用户侧母线的电压变化情况进行跟踪。图 3 - 10 展示了不同变电站的负荷曲线及 α 取值不同时对应的用户侧电压控制曲线，从图中可以看出，当 α = 0.2 时，虽然图 3 - 10 (a) 在峰谷时段触发了电压的预控制，保证了用户侧电压曲线较为平滑，但由于 α 取值较小，同时也导致在负荷变化较为平稳的时段（18：00~19：00）触发了预测控制条件，出现了母线电压偏低的情况，影响控制效果。当 α = 1.8 时，图 3 - 10 (d) 负荷曲线在峰谷时段由于负荷快速变化，出现电压较快跌落的情况，但由于当前 α 取值较大，未能触发预控制，导致电压波动剧烈，影响控制效果。当 α 取值为 0.4 和 0.8 时，图 3 - 10 中(b) 和 (c) 图通过预动作，使得电压曲线在峰谷时段避免了电压快速下跌，且避免了峰谷时段内电压过高或过低，总体控制效果较好，因此 α 的取值为［0.4，0.8］时较为合理。

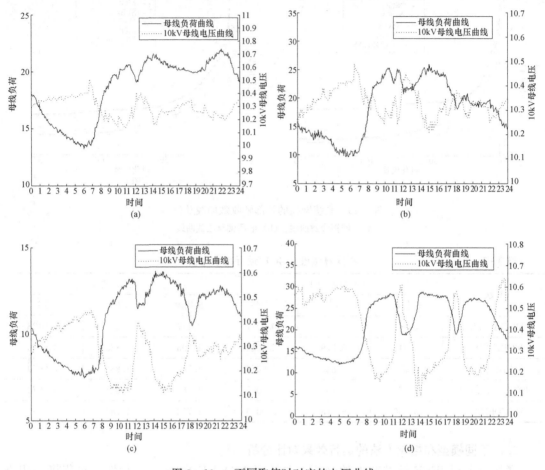

图 3-10　α 不同取值时对应的电压曲线

(a) $\alpha=0.2$；(b) $\alpha=0.4$；(c) $\alpha=0.8$；(d) $\alpha=1.8$

2. 不同控制方法的控制效果分析

上面分析了参数 α 的取值，当 α 取值确定时（$\alpha=0.6$），对精细化控制方法和传统无功优化控制方法的控制效果进行比较和分析。

（1）多目标无功优化松弛模型的参数取值分析。多目标无功优化松弛模型中参数 ω_i 的取值在一定程度上会影响优化效果（尤其在负荷波动较为剧烈时刻），因此分析 ω_i 的取值范围显得十分必要。表 3-3 给出了在负荷快波动时段，某一断面下不同 ω_i 的优化结果，节点 A、B 都为负荷节点。A 点的电压上、下限为［10.1，10.6］，基准值为 10.5，标幺值范围为［0.9619，1.0095］，A 点为考核节点，B 点的电压上下限为［34，38.5］，基准值为 37，标幺值范围为［0.9189，1.0405］，B 点为非考核节点，此时 A、B 点都处于电压越限的情况。

表 3 - 3　　　　　　　　　　　罚因子 ω_i 对控制效果的影响分析

ω_i	A点电压	A点松弛变量	B点电压	B点松弛变量	其他节点松弛变量	网损	电压偏差
$\omega_i=10$	0.9543	0.0076	1.0496	0.0091	$2.7123\times10^{-5}\sim2.7635\times10^{-5}$	1.2549	102.14
$\omega_i=100$	0.9575	0.0044	1.0477	0.0072	$3.8120\times10^{-6}\sim3.8737\times10^{-6}$	1.2673	101.38
$\omega_i=200$	0.9583	0.0036	1.0456	0.0051	$3.2527\times10^{-6}\sim3.9869\times10^{-6}$	1.2731	101.15
$\omega_i=200$；$\omega_A=600$；$\omega_B=200$	0.9604	0.0015	1.0464	0.0059	$2.9392\times10^{-6}\sim3.3500\times10^{-6}$	1.2734	101.12
$\omega_i=200$；$\omega_A=200$；$\omega_B=600$	0.9565	0.0054	1.0429	0.0024	$3.6113\times10^{-6}\sim3.6976\times10^{-6}$	1.2746	101.07
$\omega_i=200$；$\omega_A=600$；$\omega_B=600$	0.9586	0.0036	1.0434	0.0029	$3.2295\times10^{-6}\sim3.2715\times10^{-6}$	1.2749	101.05

从表 3 - 3 可以看出，在各个节点的 ω_i 取值相同的情况下，随着 ω_i 的不断增加，A、B点的电压不断逼近各自的电压限值，同时松弛变量和电压偏差不断减小，网损持续增大。这说明随着 ω_i 的不断增大，松弛变量的范围变窄，导致算法寻优空间变小，因此网损会不断增大，而随着算法寻优空间的变窄电压偏差也将略微减小；当 $\omega_i=200$ 时，对 A、B 点分别采用不同的 ω_i 进行计算，计算结果表明当 $\omega_A=600$ 时，此时 A 点电压越限量最小；当 $\omega_B=600$ 时，此时 B 点电压越限量最小，而当 $\omega_A=\omega_B=600$ 时，此时相比 $\omega_A=\omega_B=200$ 的情况，电压偏差和电压越限量都有所改善，但网损略微变大。

通过以上分析可以发现，ω_i 的不同取值对优化中电压、网损和电压偏差都有一定影响并遵循一定规律，如果将这一规律应用到不同负荷形态下的无功电压控制中将会改善整体的控制效果。基于这种考虑，在实际优化控制中可将负荷特性分为负荷波动剧烈和负荷波动较为平稳两种情况进行分析，通过调整 ω_i 的取值来获得更好的综合优化控制效果。在负荷波动较为剧烈的时段，此时 A 类节点电压应尽量远离真实上下限，这是为了防止负荷波动导致电压越限情况发生。因此，如出现 A 类节点电压越限的情况，应尽量增大越限点处的 ω_i，减小松弛变量范围，使其在优化收敛的情况下尽量远离电压真实上下限，此时对于非 A 类节点，如果也出现电压越限则可以考虑适当减小 ω_i 来增加节点的寻优空间提高电网经济性。表 3 - 3 的结果也表明了非 A 类节点 ω_i 的减小能在一定程度上改善 A 类节点电压的品质，以牺牲部分非 A 类节点的电压品质来换取 A 类节点电压质量的改善。而在负荷波动较为平稳的时期，电压幅值的变化速度较慢且电压变化幅值较小，电压越限的可能性不大且优化收敛性较好，可以考虑通过减小 ω_i、ω_B 来增大电压松弛变量的取值范围，从而增大优化中可行解的搜索空间，降低电网的有功损耗提高电网运行的经济性。

（2）采用不同模型的控制效果对比分析。为了验证多目标松弛模型的有效性，采用真实断面进行仿真，对传统多目标控制模型（模型 A）和本书提出的多目标松弛控制模型（即模型 B）分别进行仿真计算。为了进一步验证以上对 ω_i 分析的结论，对 ω_i 分别采用普通设置和基于分析结论的优化设置。

ω_i 普通设置情况：$\omega_A=\omega_B=200$，如果出现电压越限情况，则越限点处 $\omega_i=600$。ω_i 优化设置情况：①负荷波动较为平稳时期：$\omega_A=10,\omega_B=10$；②负荷波动较为剧烈时期：$\omega_A=600,\omega_B=10$。采用 ω_i 普通设置的模型为 B1，采用 ω_i 优化设置的模型为 B2，不同控制模型的控制效果分析见表 3 - 4。

表 3 - 4 　　　　　　　　　　　　　不同控制模型的控制效果分析

时　段	负荷趋势	A类电压平均越限量			平均网损			收敛率		
		A	B1	B2	A	B1	B2	A	B1	B2
0：00～4：00	滑坡	0.0228	0.0062	0.0039	1.2231	1.2143	1.2027	91.6%	100%	100%
4：00～7：00	平稳	0	0	0	1.0977	1.0865	1.0711	100%	100%	100%
7：00～11：00	爬坡	0.0316	0.0093	0.0047	1.4473	1.4356	1.4218	93.7%	100%	100%
11：00～13：00	滑坡	0	0	0	1.3556	1.3484	1.3437	100%	100%	100%
13：00～16：00	爬坡	0.0187	0.0031	0.0018	1.4738	1.4576	1.4426	94.4%	100%	100%
16：00～18：00	滑坡	0	0	0	1.4193	1.4058	1.4025	100%	100%	100%
18：00～21：00	平稳	0	0	0	1.3556	1.3434	1.3297	100%	100%	100%
21：00～23：00	滑坡	0	0	0	1.3254	1.3168	1.3137	100%	100%	100%

　　表 3 - 4 展示了连续仿真 24h 情况下采用不同模型获得的计算结果对比情况,从表中可以看出,采用松弛模型(B1、B2)在全天 24h 内优化全部收敛,收敛性明显好于传统模型(A)。收敛率计算如下:

$$\gamma = \frac{N_S T_t}{T_i} \tag{3-40}$$

式中:T_i 为时间段的长度;T_t 为计算周期;N_S 为时间段内收敛的次数。

　　在有 A 类电压越限且负荷波动较为剧烈的 0：00～4：00、7：00～13：00、13：00～16：00 时段内,本书提出的方法不仅收敛性优于传统模型,在 A 类电压平均越限量和平均网损这两个指标上也优于传统模型。同时从表 3 - 4 中还可以看出,这三个时段内,与采用普通设置的 B1 模型相比,ω_i 采用优化设置的 B2 模型在 A 类电压总的越限量和平均网损上也得到了改善,这说明在同一模型中 ω_i 的不同设置也会对结果有较大影响。这里 A 类电压平均越限量表示为各节点时段内越限量之和的均值,计算公式如下:

$$OU_{avg} = \sum_{i=1}^{n} \left(\sum_{j=1}^{m} | U_{j,i} - U_{i,maxormin} | / m \right) \tag{3-41}$$

式中:n 为 A 类电压越限点个数;m 为每个越限点在时段内的越限次数;$U_{j,i}$ 为越限点 i 在时段内第 j 次越限的电压;$U_{i,maxormin}$ 为点 i 的电压上限或下限。

　　在 A 类电压无越限时段内,可以看出本书提出的方法在网损优化效果上明显优于传统方法,尤其是在电压平稳时期,采用 ω_i 优化设置的模型 B2 获得的平均网损结果相比 A 模型及 B1 模型都有更为明显的下降,这说明在电压相对平稳时期应给予节点电压更加宽松的寻优范围,以提高电网整体的经济性。

　　(3)采用不同控制方法的控制效果对比分析。为了使不同方法的控制效果更具有可比性,本节采用系统负荷、母线负荷和气温数据基本相似的 A、B 两日对同一母线的控制效果进行对比研究,即在 A 日采用传统无功优化进行控制,在 B 日采用精细化控制方法进行控制。A、B 两日控制效果分析如图 3 - 11 所示,图 3 - 11 展示了同一变电站 A、B 两日负荷和温度相似情况下($\alpha = 0.6$)的有功负荷及母线控制的电压数据,从图中可以看出,对比传统控制方法，精细化控制方法获得的电压控制曲线在电压波动范围、控制平滑性上都有所改善。从图 3-11 可以看出，在负荷波动剧烈的时段内，传统无功优化直到负荷爬坡或者滑坡的时候才开始动作，此时电压会出现偏低或者偏高的现象，A 日母线电压的全天波动范围为 [10.16，10.47]，电压平均偏差率为 10.36%。电压平均偏差率的计算方法如下：

$$U_{\mathrm{avg}} = \frac{\sum_{i=1}^{m} |U_i^{\mathrm{E}} - U_i|}{MN \times (U_i^{\max} - U_i^{\min})} \tag{3-42}$$

式中：U_i^{E} 为期望电压（取 10.35kV）；MN 为采样点个数。

在采用本书提出的精细化控制方法后，母线电压在负荷快速爬坡或者滑坡阶段均保持了电压的平稳性，缓解了电压由于负荷快速爬坡或滑坡造成的电压偏低或偏高的现象，提高了电压的整体质量。B 日全天的电压波动范围控制为 [10.18，10.45]，电压偏平均差率为 6.54%。以上分析可以看出，相比传统无功优化控制方法，本书提出的精细化控制方法得到的全天电压波动范围收窄，且电压平均偏差率变小，控制效果改善显著。

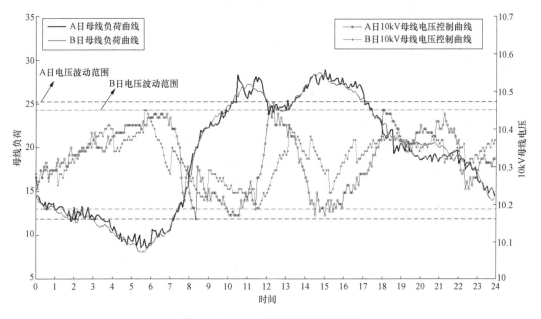

图 3-11　A、B 两日控制效果分析

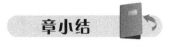

针对实际电网中出现的短时间内负荷波动较大而导致无功优化控制效果不理想的情况，本章提出了一种精细化控制方法并给出了求解策略，总结如下：

（1）探讨了负荷波动对电压的影响，并提出一基于母线负荷预测的负荷波动处理方法，用于缓解控制方案滞后导致的控制不平滑现象。

（2）针对负荷波动处理方法中可能出现的电压越限问题，采用一种多目标无功优化松弛模型来改善预测控制中出现的电压越限和收敛性差的问题。

（3）为了提高多目标模型的求解效率，以第二章提出的算法为基础给出一种基于解集动态分析的多目标混沌差分进化算法，该算法能根据种群中可行解的比例动态分配搜索策略，提高多目标模型最优解集的求解效率。

（4）标准数据仿真结果表明，本章给出的多目标优化算法在最优解集、外部解收敛性和解集的均匀性等方面都优于经典多目标算法；真实电网数据仿真表明，相比传统控制方法，精细化控制方法能进一步减小电压偏差和网损，并提高优化收敛率。此外还就部分参数的取值对控制效果的影响进行了分析，并给出了相应参数的建议取值范围。

第四章 基于关联规则挖掘的无功优化参数智能辨识方法

第一节 概　　述

本书第三章主要研究了无功优化自动电压控制（AVC）的精细化控制策略和求解方法，为无功优化从传统的粗放式控制到未来精细化控制提供了理论和应用基础。然而，无功优化精细化控制的效果除了受控制策略和求解方法的影响之外，还受运行中关键参数的制约，在无功优化控制中常会出现由于参数设置不合理而导致优化运行效果不理想的现象。

AVC系统在控制之初需要对控制设备一天的动作次数进行设置，如果以控制设备的全天为整体进行动作次数设置，可能会造成动作次数使用不均衡的问题，例如一天中由于负荷在某一时段内波动较大，导致设备动作次数使用较多，而其他时段如负荷峰谷时段则由于动作次数使用限制无法进行控制。基于这个原因，运行人员一般都将AVC系统中控制设备的动作次数按变电站大致的负荷走势进行划分后再逐一设置，但由于负荷变化的季节性、周期性和一些不可预知的因素，导致基于人为经验得到的参数设置结果在运行一段时间后（尤其是负荷曲线形态发生较大变化后）效果不太理想。因此，为了保证控制效果，运行人员常需要根据负荷变化的特征，对控制设备参数的结果进行不断地变动和调整。在大型区域电网中，设备参数的频繁调整会给运行人员带来巨大的工作量，同时运行人员也很难精确地把握负荷的时段划分和具体时段内动作次数的设置。另外，由于AVC系统运行中常会出现一些由于负荷变化导致的控制问题，通常运行人员会根据当时实际电网情况对AVC系统的控制结果进行修正，例如当设备动作次数已经用完的情况下，系统负荷出现快速爬坡现象，此时运行人员可能会根据当时的实际情况进行人工干预，而这些修正的结果都会被存入数据库中，因此如何学习和使用这些信息为AVC系统服务成为传统无功优化迈向智能化道路上需要考虑的重要问题。

为解决以上问题，本章从一个全新的角度来分析和处理关键参数的时段划分和设置问题。首先，通过引入短期母线负荷预测数据对预测曲线进行合理划分来获得设备的时段分区；其次，对时段内负荷曲线和数据库中的相同时段内数据集进行相似度比较；最终，通过时间段内数据库的关联挖掘得到参数的合理分配次数，从而实现对AVC系统控制参数的智能划分和辨识。

第二节 关联规则挖掘方法的研究

关联规则挖掘是数据挖掘中非常重要的分支，它提供了一种描述事物间隐含关系的重要手段。R. Agrawal等人于1993年最先提出关联规则挖掘的概念，其后十多年关联规则挖掘被广泛地研究，并在计算机、食品、金融、医疗等许多行业得到实际应用，两个经典应用是超市里的牛奶和面包摆放问题和尿片和啤酒的捆绑销售问题。其中，牛奶和面包问题讲述了商家通过关联规则挖掘对超市销售的历史数据进行计算和分析，最终获得了 90％的顾客在买面包的同时还购买牛奶这条规则，因此商家决定将面包和牛奶放一起销售，结果表明这样销售非常受欢迎，大大增加了牛奶和面包的销量，给商家带来了盈利。如果说牛奶和面包的案例在一定程度上还有可能从人们的日常经验中获取的话，那么尿片和啤酒的捆绑销售问题则毫无疑问地体现了关联规则挖掘的魅力，对于尿片和啤酒这两种属性不同、功能不同的商品，其最终挖掘得到的规则很难让人们从日常的经验中进行获取，只有通过大量历史数据的关联挖掘才能分析出，爸爸们在下班后给孩子买尿片的同时会买些啤酒，通过这条规则，商家将尿片和啤酒这两种商品捆绑销售，也带来了惊人的销量。

一、关联规则挖掘基本概念和经典算法

1. 关联规则挖掘的基本概念

关联规则挖掘是在给定数据集 D 中寻找支持度和可行度都满足用户设定值条件的一组规则的集合，可表示为 $X \rightarrow Y$。主要定义有以下几种：

（1）项目（item）。数据库中的属性字段，有一定的取值范围。

（2）交易（transaction）。客户在一次交易中发生的所有项目的集合。

（3）项目集（itemset）。包含若干项目的集合。

（4）支持度（support）。D 是一个交易集合，把 D 中包含 X 的交易个数与 D 中总交易个数的比记为 X 在 D 中的支持度，X 的支持度为 $sup(X)$。最小支持度表示支持度的最小阈值，记作 $minsup$。

（5）可信度（confidence）。对 $X \rightarrow Y$ 的关联规则，可信度为交易集合 D 中既包含 X 又包含 Y 的交易个数与 D 中仅包含 X 但不包含 Y 的交易个数之比，即 $sup(X \cup Y) / sup(X)$，$X \rightarrow Y$ 的可信度记为 $conf(X \rightarrow Y)$。最小可信度表示可信的最小阈值，记作 $minconf$。

（6）频繁项目集（frequent itemset）。对一个项目集 X，如果 X 的支持度不小于用户定义的最小支持度阈值，即 $sup(X) \geqslant minsup$，称 X 为频繁项目集或大集。最大频繁项目集是指频繁项目集中最大的集合，它不是其他任何频繁项目集的子集。

2. 关联规则挖掘的经典算法

最小支持度和最小可信度在一定程度上反映了挖掘的两个关键步骤，首先是找出所有满足条件的频繁项目集中给定的最小支持度，其次是在频繁项目集的基础上生成满足最小可信度的所有关联规则，可见如何生成频繁项目集是关联挖掘的基础。

（1）Apriori 算法实现步骤。生成频繁项目集的算法很多，其中最经典的算法是 R. Agrawal 在 1993 年提出的 Apriori 算法，之后很多算法在此基础上做了修改。Apriori 算法具体实现步骤如下：

1）Step1：扫描数据集合获得 1 - 项集 C_1，并通过给定的支持度获得频繁 1 - 项集 L_1。

2）Step2：对 L_1 做连接操作 $L_1 \oplus L_1$，生成 2 - 项集 C_2。

3）Step3：利用重要性质对 C_2 进行修剪操作，删除不符合性质的数据项，生成 C_2。

4）Step4：对通过给定的支持度对 C_2 进行处理，获得频繁 2 - 项集 L_2。

5）Step5：以此类推，直到产生最大的频繁项集为止。

（2）Apriori 算法的实际应用。下面用一个实例介绍该算法的执行过程，不同控制模型的控制效果分析见表 4 - 1，假设最小支持度 $minsup = 2$。

表 4 - 1　　不同控制模型的控制效果分析

ID	T1	T2	T3	T4	T5	T6	T7	T8	T9
项的列表	I_1，I_4，I_5	I_2，I_4	I_3，I_4	I_2，I_4，I_5	I_3，I_5	I_3，I_4	I_3，I_5	I_1，I_3，I_4，I_5	I_3，I_4，I_5

1）扫描数据库，得到频繁 1 - 项集，频繁 1 - 项集如图 4 - 1 所示。

扫描数据库获得 1-项集 →

C_1:候选项集

项集	支持度数
I_1	2
I_2	2
I_3	6
I_4	7
I_5	6

最小支持度筛选得到频繁1-项集 →

L_1:频繁项集

项集	支持度数
I_1	2
I_2	2
I_3	6
I_4	7
I_5	6

图 4 - 1　1 - 频繁集

2）通过 $\boldsymbol{L}_1 \oplus \boldsymbol{L}_1$ 得到候选集合 $\boldsymbol{C}'_2$，通过最小支持度筛选，获得频繁 2 - 项集 $\boldsymbol{L}_2$，频繁 2 -项集如图 4 - 2 所示。

扫描数据库获得 2-项集 →

C_2:候选项集

项集	支持度数
I_1,I_2	0
I_1,I_3	1
I_1,I_4	2
I_1,I_5	2
I_2,I_3	0
I_2,I_4	2
I_2,I_5	1
I_3,I_4	4
I_3,I_5	4
I_4,I_5	4

最小支持度筛选得到频繁2-项集 →

L_2:频繁项集

项集	支持度数
I_1,I_4	2
I_1,I_5	2
I_2,I_4	2
I_3,I_4	4
I_3,I_5	4
I_4,I_5	4

图 4 - 2　频繁 2 - 项集

3）通过 $\boldsymbol{L}_2 \oplus \boldsymbol{L}_2$ 得到候选集合 $\boldsymbol{C}'_3$，$\boldsymbol{C}'_3=\{(I_1,I_4,I_5),(I_1,I_2,I_4),(I_1,I_3,I_4),(I_1,I_3,I_5),(I_2,I_3,I_4),(I_3,I_4,I_5)\}$，采用算法的基本性质，可以排除集合内 $\{(I_1,I_2,I_4),(I_1,I_3,I_4),(I_1,I_3,I_5),(I_2,I_3,I_4)\}$ 得到候选项集 $\boldsymbol{C}_3$，$\boldsymbol{C}_3=\{(I_1,I_4,I_5),(I_3,I_4,I_5)\}$，计算支持度，并通过最小支持度筛选获得频繁 3 - 项集 $\boldsymbol{L}_3$，频繁 3 - 项集如图 4 - 3 所示。

扫描数据库获得 3-项集 →

C_3:候选项集

项集	支持度数
I_1,I_4,I_5	2
I_3,I_4,I_5	2

最小支持度筛选得到频繁3-项集 →

L_3:频繁项集

项集	支持度数
I_1,I_4,I_5	2
I_3,I_4,I_5	2

图 4 - 3　频繁 3 - 项集

4）通过 $\boldsymbol{L}_3 \oplus \boldsymbol{L}_3$ 得到候选集合 $\boldsymbol{C}'_4$，采用算法的基本性质分析可以发现 $\boldsymbol{C}'_4=\varnothing$。

二、关联规则的产生和约简策略

Apriori算法求得最大频繁集之后，并没有获得最终需要的关联规则，还需要根据最大频繁集来生成相应的关联规则，这里有两个问题，一是如何生成规则，二是如何对规则进行约简。以表 4 - 1 为例，$C_3 = \{(I_1, I_4, I_5), (I_3, I_4, I_5)\}$ 为最终获得的最大频繁集，以最大频繁集 (I_1, I_4, I_5) 为例，可以获得如下六条关联规则：

$$
\begin{aligned}
&1) I_1 \wedge I_4 \Rightarrow I_5 \quad conf = 1 \\
&2) I_1 \wedge I_5 \Rightarrow I_4 \quad conf = 1 \\
&3) I_4 \wedge I_5 \Rightarrow I_1 \quad conf = 0.5 \\
&4) I_1 \Rightarrow I_4 \wedge I_5 \quad conf = 1 \\
&5) I_4 \Rightarrow I_1 \wedge I_5 \quad conf = 0.286 \\
&6) I_5 \Rightarrow I_1 \wedge I_4 \quad conf = 0.333
\end{aligned}
\tag{4-1}
$$

以第一条关联规则为例计算置信度：$conf(I_1 \wedge I_4 \Rightarrow I_5) = sup(I_1, I_4, I_5) / sup(I_1, I_4) = 1$，因此若 $minconf = 0.7$ 则有 3 条规则符合要求。

尽管支持度—置信度框架能够挖掘最大频繁集并生成规则，但有时挖掘出来的规则并不适用，甚至会有误导嫌疑。以变电站的两种类型的监控信号为例，假设有两种监控信号的类型分别为 U 和 V，其中 U 为监控信号 U 触发，$\bar{U}$ 为监控信号 U 未触发，V 为监控信号 V 触发，$\bar{V}$ 为监控信号 V 未触发，表 4 - 2 展示了 50 个连续监控事项中监控类型 U 和 V 的触发统计结果。

表 4 - 2　50 个连续监控事项中监控类型 U 和 V 的触发统计

信号触发	V	$\bar{V}$	总计
U	20	5	25
$\bar{U}$	70	5	75
总计	90	10	100

此时对规则 $U \Rightarrow V$ 来说，$sup(U \Rightarrow V) = 20/100 = 0.2$ 且 $conf(U \Rightarrow V) = 20/25 = 0.8$，如果此时 $minsup = 0.2$，$minconf = 0.75$，则规则 $U \Rightarrow V$ 将被接受，含义为在监控信号 U 触发的情况下，监控信号 V 同时触发的可能性达到 80%。对规则 $\bar{U} \Rightarrow V$ 有 $sup(\bar{U} \Rightarrow V) = 70/100 = 0.7$ 且 $conf(\bar{U} \Rightarrow V) = 70/75 = 0.93$，这条规则也符合强关联规则的要求，这条规则含义为监控信号 U 不触发的情况下，监控信号 V 触发的可能性达到 93%，此时出现了矛盾，到底是采用规则 $U \Rightarrow V$ 还是采用规则 $\bar{U} \Rightarrow V$。

从上面的例子可以看出，采用支持度—置信度框架尽管可以挖掘出强关联规则，但在实际应用中仍有弊端，这种方法较难剔除一些冗余规则，给出用户真正需要的强关联规则，有时甚至可能出现歧义和矛盾的规则。因此，加入一种新的对强关联规则进行约简的评判标准十分必要。

兴趣度就是一种对关联规则的约简方式，采用兴趣度对获取的关联规则集合进行剪枝处理，能够提高关联规则挖掘结果的精度。通过扩展支持度—置信度框架，可以得到如下的评判标准：

$$
A \Rightarrow B[support, confidence, interest]
\tag{4-2}
$$

在最终的规则判断中，不仅有 $support$，$confidence$，而且还加入了兴趣度 $interest$。兴趣度的计算方法很多，如采用差异化思想的兴趣度模型、采用概率思想的兴趣度模型等。本节采用方法见式（4 - 3），该方法的优势在于考虑了规则中前件和后件的耦合关系，并且关注大概率事件产生的结果。

$$I(A{\Rightarrow}B) = \frac{1-P(B)}{[1-P(A)]\times[1-P(A\cup B)]} \qquad (4-3)$$

为了检验该兴趣度的有效性，采用兴趣度对表 4 - 2 的变电站监控信号挖掘出的强关联规则继续进行校验，这里给定 $support=0.2$，$confidence=0.75$，$interest=1$。

对于规则 1($U{\Rightarrow}V$)，可以计算出：

$$I(U{\Rightarrow}V) = \frac{1-0.9}{(1-0.25)\times(1-0.2)} = 0.167 \qquad (4-4)$$

对于规则 2($\bar{U}{\Rightarrow}V$)，可以计算出：

$$I(\bar{U}{\Rightarrow}V) = \frac{1-0.9}{(1-0.75)\times(1-0.7)} = \frac{0.1}{0.25\times0.3} = 1.333 \qquad (4-5)$$

以上计算可以发现，规则 1 的 $interest=0.167<1$，规则 2 的 $interest=1.333>1$，因此在新的评判标准下，采用兴趣度可以很好地区分冗余项，从而去除规则 1，且规则 2 更符合实际情况。

第三节　无功优化参数智能辨识方法和框架研究

无功优化参数设置是否合理一直是 AVC 系统控制效果好坏的重要决定因素，在 AVC 早期，运行人员对参数只进行简单处理，通常以一天为单位给控制设备的动作次数设置一个上限的约束范围，但随着运行控制不断深入，运行人员逐渐发现其弊端，并渐渐将以一天为单位的参数整体设置方法转变为根据变电站或母线的负荷特征进行阶段性设置的策略。通常运行人员会根据经验将一天划分为几个时段，并对各时段的设备进行动作次数分配，因此时段的划分和各时段的动作次数成为参数辨识的核心问题，但该问题主要依靠运行人员的主观理解和个人经验来进行设置，主要存在两个问题：

（1）运行人员一般是根据当前时期的负荷变化情况并结合个人经验进行时段划分和动作次数设置，但变电站的负荷通常具有周期性和季节性，运行人员要想获得较好的控制效果，需要不断地根据自身经验对时段划分和动作次数进行频繁调整，如果电网规模较大且不同变电站负荷特征又不相同时，运行人员工作量巨大。

（2）即使运行人员能够挤出大量时间调整运行参数，但时段内具体动作次数也很难进行精准把握，只根据运行人员的经验来设置参数可能偏差较大，而且不同人对同一问题的认识也不一样，使其没有可参照的标准。因此如果能采用一种智能的参数辨识方法来替换传统人工经验型的设置，将能在很大程度上提高优化控制效果并减轻运行人员的工作强度。

一、关联对象的选取和挖掘目标的确定

在无功优化的实际运行中，除了算法对控制效果有影响外，参数的合理设置也同样会对控制效果产生影响。为了找出与控制效果有关联的参数绘制了曲线，以展示某一变电站一天内控制变量和状态变量的描点情况。曲线分析如图 4 - 4 所示，从图中可以看出，母线电压除了受负荷影响之外，还和挡位变化情况、无功补偿容量有关，例如负荷爬坡和滑坡时，时段内挡位和补偿设备的容量都发生了变化，因此母线的电压、负荷、主变压器挡位和补偿设备容量之间都有一定的关联性。

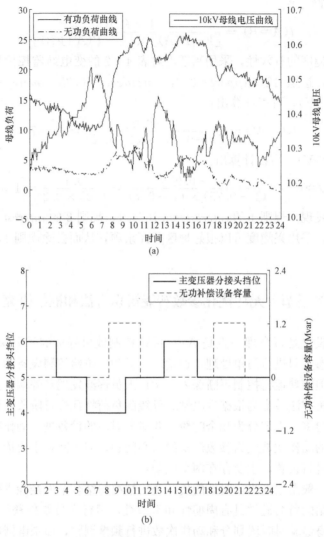

图 4-4　曲线分析
（a）母线负荷及电压曲线；（b）设备动作曲线

　　为了进一步分析这种关联性，对一组地区电网设备动作次数和母线电压合格率之间的数据进行了统计分析，数据统计结果见表 4-3，从表中可看出母线电压、母线负荷、设备动作次数之间也有一些关联，如当电压越限时，通常峰谷个数较多，且设备动作动作次数相对较少；当母线电压合格率高，且电压均值较好时，通常峰谷较少且设备动作次数较多。因此可知控制效果不仅和母线电压、母线负荷、补偿容量有关，还和挡位、补偿设备的动作次数设置有一定的关联，这种关联性是否能够通过某种方法有效地挖掘出来并最终成为一条规则是非常值得研究的问题，也是挖掘的目标。

表 4-3　　　　　　　　　　　　　　数据统计结果

序号	电压均值	电压越线次数	补偿设备动作次数	挡位动作次数	峰谷个数
1	10.57	3	3	5	7

序号	电压均值	电压越线次数	补偿设备动作次数	挡位动作次数	峰谷个数
2	10.48	1	4	7	5
3	10.36	0	5	10	5
4	10.41	0	4	7	5
5	10.15	2	3	6	6

二、参数智能辨识方法的框架研究

在无功优化中，变压器挡位、无功补偿结果是以控制变量的形式参与优化的，这两个控制变量的数值是在每一次计算中通过优化获得的，然而在真实电网中，由于每个设备的使用次数有限，设备每次动作在一定程度上都会对设备产生损耗，并减少其寿命。因此，在实际控制中不可能毫无约束地让设备频繁动作，有学者提到了将设备动作次数作为一种经济性度量标准和约束加入无功优化控制中，以减小设备频繁动作带来的影响。因此，运行人员希望能够对控制设备每天动作次数进行一个合理的划分和设置，以确保设备的动作次数在可以接受的范围内更好地参与无功优化控制。

通过分析可知，变压器挡位和无功补偿装置是无功优化控制中两类非常关键的控制设备，因此对其动作次数进行合理的划分将直接影响系统的最终控制效果，而这两类设备的动作次数的设置非常困难，因为这类问题没有固定的数学公式和模板可以套用，且不同的运行人员有不同的设置方法，没有统一的标准，从数学上说这是一个模糊且不确定性问题。对一个没有固定套路的不确定性或者无法把握的问题，通常较好的方法是对类似问题的历史情况进行挖掘以得到近似答案，即通过大量的历史相似问题的学习来获得解决问题的能力，但当问题复杂时，这些问题之间的关联性是无法凭借大脑的记忆和逻辑进行有效发现的。例如此处提及的参数设置问题，运行人员很难准确地记住历史的数据库情形，也无法得出大量数据间的隐含关联，凭借经验或许可以模糊地判断出一些问题的大致方向，但无法精准地获取需要的结果，如运行人员可能在某种形态负荷情况下，知道大致的负荷划分和动作次数分配情况，但如果某一天负荷发生变化，对比之前的负荷有些相似但又不完全一样，此时运行人员按照之前的经验去划分和设置显然不合适；如果某天的负荷突然变得异常反常，出现了运行人员从未遇到过的情况，那么如何设置才能保证控制效果理想又是一个需要重新考虑的问题。

考虑到以上问题，如果能找到一种通过对历史数据的分析和挖掘来获得数据间关联的定量计算方法和框架，那么就有可能通过给定的数据形态去匹配历史库中的相似集合并分析出相对精确的结果。从数据挖掘的角度来看，实际上可以将参数最优设置和辨识问题转化为设备最优的动作次数和负荷、电压之间的关联性分析问题。基于这样的想法，本章提出一种基于关联分析的无功优化参数智能辨识框架，该框架将负荷预测数据作为负荷判断的基准，其具体优化步骤如下：

（1）Step1：通过负荷预测数据对未来一天的负荷走势进行分析，并对负荷预测结果进行合理的时段划分。

（2）Step2：根据关联属性对数据库中的历史数据进行聚合，得到满足挖掘条件的聚合数据集。

（3）Step3：获取预测曲线划分后的某一时段内的预测数据集合，并计算聚合数据集内的时段数据和时段内的预测数据之间的相似度。

（4）Step4：采用模糊隶属度函数，对关联属性进行模糊化，对关联属性中连续属性的相似度结果进行离散化。

（5）Step5：采用关联规则算法对聚合数据集进行挖掘，得到最终的强关联规则。

（6）Step6：对关联规则进行反模糊化，得到最终的设备动作次数结果。

参数智能辨识的整体求解框架如图4-5所示。

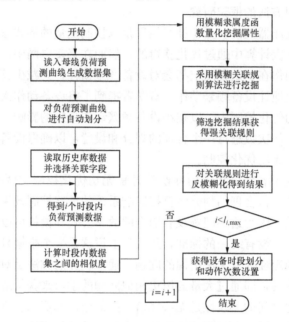

图4-5　参数智能辨识的整体求解框架

第四节　无功优化参数智能辨识关键方法研究

一、负荷预测曲线时段划分策略研究

通过以上分析可知，为了在历史数据挖掘中对给定的负荷预测曲线进行有效匹配，首先需要对负荷预测曲线进行合理划分，为了使划分的结果满足运行人员的习惯，且能够更好地为后续的挖掘提供查询条件，本章提出一种基于相邻斜率的分段归并方法（SMAS）。该方法的主要思想：首先，对负荷预测曲线进行 N 个区间的划分；其次，对不同区间的划分曲线进行线性化并计算斜率；最后，通过给定的趋势判别标准进行不同趋势间的合并，并最终给出合理的划分。

1. 时段划分和斜率计算方法

为了使划分的结果更细致，将一天的负荷预测曲线以 10min 为单位进行划分，共得到 144 个区间，并对区间内的负荷曲线进行线性化处理，处理策略采用线性回归方法（LR），假设 y_{iL}、y_{iR} 分别为第 i 段直线的起始值和终值，t_i 为第 i 段结束时间，n 为整个曲线的划分数目，则 $\boldsymbol{S}=\{(y_{1L}, y_{1R}, t_1), (y_{2L}, y_{2R}, t_2), \cdots, (y_{nL}, y_{nR}, t_n)\}$，$k_i$ 是第 i

的斜率，$k_i = \dfrac{y_{ir} - y_{il}}{t_i - t_{i-1}}(1 < i < n)$，整个曲线的线性化分段结果可以表示为

$$S = \begin{bmatrix} k \\ t \end{bmatrix} = \begin{bmatrix} k_1 & k_2 & \cdots & k_i & \cdots & k_n \\ t_1 & t_2 & \cdots & t_i & \cdots & t_n \end{bmatrix} \tag{4-6}$$

2. 相邻曲线合并方法

对负荷预测曲线划分后，得到 n 条时间段曲线，为了使曲线的划分更符合峰谷特征，需要对划分后的 n 条时间段曲线进行相邻时间段之间的归并。首先需要对划分后曲线的趋势进行定义，本章将曲线的趋势分为 5 种形态，曲线形态定义见表 4-4。

表 4-4　　　　曲线形态定义

形态定义	形态表示	斜率对应范围
快速上升	HU	$[1+t_k, +\infty]$
上升	U	$[t_k, 1+t_k]$
水平	L	$[-t_k, t_k]$
下降	D	$[-t_k, -1-t_k]$
快速下降	HD	$[-1-t_k, -\infty]$

注　t_k 的取值为 $t_k \in (0, 1)$ 且 $t_k \ll 1$。

得到曲线的趋势后，应尽量将趋势相似的分段曲线进行合并，因此除了对曲线的趋势进行定义外，在曲线进行合并时还应对相邻曲线斜率间的关系进行更深入的描述。相邻曲线形态比较如图 4-6 所示，图中展示了曲线趋势合并中可能出现的几种情况，图 4-6（a）描述了第 i 个时间段内曲线 Z_i 形态为 L 时的判断，如果后续 Z_{i+1} 的形态也为 L 时，将第 i 和 $i+1$ 段曲线进行合并，其他情况则不合并；图 4-6（b）描述了第 i 个时间段内曲线 Z_i 形态为 D 或 HD 时，此时如果后续曲线 Z_{i+1} 的形态为 D 或 HD，则两个时间段内的曲线进行合并，其他情况则不合并；图 4-6（c）描述了第 i 个时间段内曲线 Z_i 的形态为 U 或 HU 时，此时如果后续 Z_{i+1} 的形态为 U 或 HU，两个时间段内的曲线进行合并，其他情况则不合并。分段曲线合并判断矩阵见表 4-5。

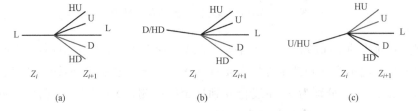

图 4-6　相邻曲线形态比较

（a）曲线形态为 L；（b）曲线形态为 D/HD；（c）曲线形态为 U/HU

表 4-5　　　　　　　　　　分段曲线合并判断矩阵

Z_{i+1} \ Z_i	U	HU	L	D	HD
U	+	+	−	−	−
HU	+	+	−	−	−
L	−	−	+	−	−
D	−	−	−	+	+
HD	−	−	−	+	+

注　"+"表示可以合并，"−"表示不能合并。

3. 孤立曲线的合并策略

采用表4-5对所有时间段内曲线进行合并，最后可能会出现个别时间段内的曲线无法进行合并，这类曲线定义为孤立曲线。孤立曲线是指通过线性分段后不能通过相邻时段内的曲线合并判断矩阵进行合并的曲线，并且该曲线是单个时间段内的曲线。

孤立曲线的存在会导致曲线在划分上出现较多的单个独立划分，这对挖掘效率和挖掘效果都会产生不利影响，因此需要对孤立曲线进行处理，使其能够合理地归并到不同的划分中。假设孤立曲线为 Z_i，如果 Z_{i-1} 是起始时间段曲线，此时将 Z_i 合并到 Z_{i-1} 中；如果 Z_{i+1} 是末端时间段曲线，此时将 Z_i 合并到 Z_{i+1} 中；如果 Z_i 是起始时间段曲线，即 $i=1$ 时，此时对 Z_i 采用向前合并的方法将 Z_i 归并到 Z_{i+1} 中，如果 Z_i 是末端时间段曲线，即 $i=n$ 时，此时对 Z_i 采用向后合并的方法将 Z_i 归并到 Z_{i-1} 中。当 Z_{i-1}、Z_i、Z_{i+1} 都不是首端或者末端时间段曲线时，需要通过对 Z_i 曲线的形态及曲线 Z_{i-1}、Z_{i+1} 的形态进行分析来判断归并，大致有以下3种情况：

（1）若孤立曲线的形态为 L（即 Z_i 为 L），取孤立曲线相邻曲线段 Z_{i-1}、Z_{i+1} 的形态进行分析。如果 Z_{i-1}、Z_{i+1} 形态一致，则将 Z_i 和前后曲线段整体合并，得到新的曲线。前后曲线形态一致的合并过程如图4-7所示，图中展示了当 Z_i 曲线形态为 L 时且前后曲线都为上升趋势情况下的合并过程。

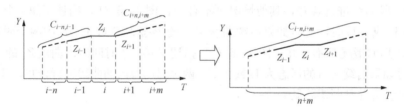

图4-7 前后曲线形态一致的合并过程

考虑到孤立曲线的不同形态及归并时前后曲线的形态差异，需要对不同情况逐一分析，孤立曲线形态为 L 时的合并判断矩阵见表4-6，表中"＋"表示 Z_i 曲线可以和前后曲线进行整体归并，Z_{i+1}、Z_{i-1} 分别为 Z_i 曲线合并到指定的一侧，ΔK 表示 Z_i 曲线合并到哪一侧需要根据 Z_i 和前后两段曲线的斜率差进行判断。

表4-6 孤立曲线为 L 时的合并判断矩阵

Z_{i-1} \ Z_{i+1}	U	HU	D	HD
U	＋	＋	ΔK	Z_{i-1}
HU	＋	＋	Z_{i+1}	ΔK
D	ΔK	Z_{i-1}	＋	＋
HD	Z_{i+1}	ΔK	＋	＋

ΔK 归并判断矩阵见表4-7，表中为 Z_{i+1} 和 Z_{i-1} 曲线趋势不一致时的判断矩阵，$\Delta K_{i-1,i}$ 为 Z_i 和 Z_{i-1} 曲线间的斜率差，$\Delta K_{i,i+1}$ 为 Z_i 和 Z_{i+1} 曲线间的斜率差。如果 $|\Delta K_{i-1,i}| >|\Delta K_{i,i+1}|$，则将 Z_i 曲线归并到 Z_{i+1} 侧中；如果 $|\Delta K_{i-1,i}| < |\Delta K_{i,i+1}|$，则将 Z_i 曲线

归并到 Z_{i-1} 侧中；如果 $|\Delta K_{i-1,i}| = |\Delta K_{i,i+1}|$，则将 Z_i 归并到 $C_{n,\min}$。$C_{n,\min}$ 为曲线总个数较少的曲线段。

表 4 - 7　　　　　　　　　　　　　　　ΔK 归 并 判 断 矩 阵

Z_{i-1} ＼ Z_{i+1}	$\Delta K_{i,i+1}$		
	$\|\Delta K_{i-1,i}\| > \|\Delta K_{i,i+1}\|$	$\|\Delta K_{i-1,i}\| < \|\Delta K_{i,i+1}\|$	$\|\Delta K_{i-1,i}\| = \|\Delta K_{i,i+1}\|$
$\Delta K_{i-1,i}$	Z_{i+1}	Z_{i-1}	$C_{n,\min}$

（2）若孤立曲线形态为 HU 或 U，取孤立曲线相邻曲线段 Z_{i-1}、Z_{i+1} 的形态进行分析，孤立曲线为 HU 或 U 时的合并判断矩阵见表 4 - 8。如果 Z_{i-1}、Z_{i+1} 曲线段形态一致，此时将 Z_i 和前后曲线段整体合并；如果 Z_{i-1}、Z_{i+1} 的曲线段形态不一致，则通过 ΔK 来判断，归并方法参照表 4 - 8 进行。前后曲线形态不一致的合并过程如图 4 - 8 所示，图中展示了 Z_{i-1}、Z_{i+1} 时间段内的曲线形态不一致的归并过程。

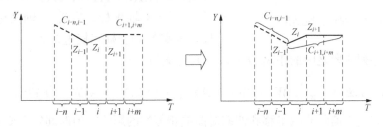

图 4 - 8　前后曲线形态不一致的合并过程

（3）若孤立曲线为 HD 或 D 时，取孤立曲线相邻曲线段 Z_{i-1}、Z_{i+1} 的形态进行分析。此时的判断方法与孤立曲线形态为 HU 或 U 时的方法类似，孤立曲线为 HD 或 D 时的合并判断矩阵见表 4 - 9。

表 4 - 8　孤立曲线为 HU 或 U 时的合并判断矩阵

Z_{i-1} ＼ Z_{i+1}	L	D	HD
L	+	ΔK	ΔK
D	ΔK	+	+
HD	ΔK	+	+

表 4 - 9　孤立曲线为 HD 或 D 时的合并判断矩阵

Z_{i-1} ＼ Z_{i+1}	L	U	HU
L	+	ΔK	ΔK
U	ΔK	+	+
HU	ΔK	+	+

二、基于相似性度量的曲线近似方法研究

上面分析了负荷预测曲线的划分方法，采用 SMAS 获得了符合电力系统峰谷特征的曲线划分结果，但在对历史数据进行挖掘时如何寻找集合（曲线）间的相似性是挖掘成败的关键。本节在不同相似性比对方法分析的基础上，针对研究问题的数据特点，提出一种混合策略对集合间的相似性进行刻画。

1. 欧式距离和动态时间弯曲距离

欧式距离（ED）是一种常用的相似性比较方法，$\boldsymbol{X}$，$\boldsymbol{Y}$ 为两组序列，表示如下：

$$\begin{cases} \boldsymbol{X} = \{x_1, x_2, \cdots, x_m\} \\ \boldsymbol{Y} = \{y_1, y_2, \cdots, y_m\} \end{cases} \tag{4-7}$$

式中：m 为序列长度。

采用欧式距离计算方法对 $\boldsymbol{X}$，$\boldsymbol{Y}$ 进行相似性的比对，$\boldsymbol{X}$，$\boldsymbol{Y}$ 之间的距离 $D(\boldsymbol{X}, \boldsymbol{Y})$ 计算如下：

$$D(\boldsymbol{X}, \boldsymbol{Y}) = \sqrt{\sum_{i=1}^{m}(x_i - y_i)^2} \qquad (4-8)$$

当 $D(\boldsymbol{X}, \boldsymbol{Y}) < \delta$（$\delta$ 为给定阈值）时，可以判定两组时间序列相似。该方法计算直观简单、实现容易，但缺点也很明显，就是对噪声数据较为敏感。为了消除噪声数据的干扰，有学者对欧式距离进行了改进，采用一种加权的方法来处理相似性。该方法首先对时间序列采用线性分段，将时间序列分为 N 段，表示为 $\boldsymbol{A} = \{\boldsymbol{A}_1,$ $\boldsymbol{A}_2, \cdots, \boldsymbol{A}_N\}$，每一段都采用数组来表示，线性分段结果图 4 - 9 所示，第 i 段的数组表示为 $\boldsymbol{A}_i = \{AXL_i, AXR_i, AYL_i, AYR_i, AW_i\}$，依次表示为首端 X 轴坐标，末端 X 轴坐标，首端 Y 坐标，末端 Y 轴坐标和权重系数。

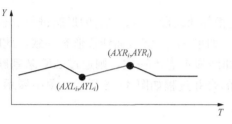

图 4 - 9　线性分段结果

任意两条序列线段之间的距离 $D(\boldsymbol{A}, \boldsymbol{B})$ 定义为

$$D(\boldsymbol{A}, \boldsymbol{B}) = \sum_{i=1}^{N} AW_i * BW_i \mid (AYL_i - BYL_i) - (AYR_i - BYR_i) \mid \qquad (4-9)$$

尽管加权方法能消除曲线平移和伸缩对曲线相似性的影响，但时间轴形变对相似性的影响问题一直没有得到有效解决。考虑到欧式距离在处理时间轴形变上的困难，Bcrndt 等人最先将模式识别领域使用较多的动态时间弯曲距离（DTW）引入处理时间序列的相似性问题中，并取得了较好的效果。其定义见式（4 - 10），假设有两个时间序列 $\boldsymbol{X}$ 和 $\boldsymbol{Y}$。

$$\begin{cases} \boldsymbol{X} = \{x_1, x_2, \cdots, x_n\} \\ \boldsymbol{Y} = \{y_1, y_2, \cdots, y_m\} \end{cases} \qquad (4-10)$$

式中：n、m 分别是对应时间序列的长度，$n = m$、$n \neq m$ 均可。

为了能更好地表示时间序列间的距离，构造 $n \times m$ 矩阵 $\boldsymbol{D}$。矩阵中每一组值代表时间序列间的距离，x_n、y_m 越相似，其值越接近零，反之则值越大。在动态时间弯曲距离中各点的对应关系不再是一一对应，为了找到序列间最短距离，设置一个扭曲路径 W，$W = w_1$，$w_2, \cdots, w_k, \cdots, w_K$，同时 $\max(m, n) \leqslant K \leqslant m+n+1$。矩阵 $\boldsymbol{D}$ 表示如下：

$$\boldsymbol{D} = \begin{bmatrix} d(x_1, y_1) & d(x_2, y_2) & \cdots & d(x_1, y_m) \\ d(x_2, y_1) & d(x_2, y_2) & \cdots & d(x_2, y_m) \\ \vdots & \vdots & \ddots & \vdots \\ d(x_n, y_1) & d(x_n, y_2) & \cdots & d(x_n, y_m) \end{bmatrix} \qquad (4-11)$$

满足约束条件的两时间序列间的路径很多，但扭曲路径要求满足最小扭曲代价，其表示如下：

$$DTW(X, Y) = \min\left\{\frac{1}{K}\sqrt{\sum_{k=1}^{K} w_k}\right\} \qquad (4-12)$$

基于动态规划理论可知，最小路径只需对矩阵 $\boldsymbol{D}$ 做局部搜索，假设点 (x_i, y_i) 在最优路径上，则点 (x_1, y_1) 到点 (x_i, y_i) 的子路径也是矩阵最优解。因此最优路径可由起始

点 (x_1,y_1) 到终点 (x_n,y_m) 之间通过递归搜索获得。两个序列中任意两点间的 DTW 定义为

$$D(i,j) = \{d\,(x_i,y_j)^2 + [\min\{D(i-1,j-1),D(r-1,j),D(i,j-1)\}]^2\}^{1/2}$$

(4 - 13)

式中：$d(x_i,\ y_j)$ 为欧式距离；$D(i,\ j)$ 为序列间两个点 i、j 之间的距离，实际为 (x_1,y_1) 到 $(x_i,\ y_j)$ 之间的最小累积距离。

2. 基于相邻斜率分段归并的标准化 ED—DTW 混合策略

ED 和 DTW 在曲线相似性比对上都有各自的局限性，由于本章挖掘对象为日负荷曲线，考虑到日常运行中可能出现数据缺失，如果只采用 ED 进行相似度计算，在对历史数据库进行相似度比较时可能会出现较大的精度偏差，从而对最终的关联挖掘结果造成较大影响。但如果采用 DTW，虽然在相似度的比对精度上会获得较大提升，但从计算效率来看，由于 DTW 计算的特点，当数据库采用整年或者多年的数据进行挖掘时，会造成计算量巨大，不利于实际应用。此外，无论采用哪种距离计算方法，从无功优化参数设置的应用特点来讲，如果采用整条负荷曲线进行挖掘，当负荷波动规律遭到破坏时，其预测曲线将很难在历史数据库中找到满意的结果，此时有可能造成挖掘无法生成规则，因此在曲线间相似度的挖掘中应考虑以下 3 个问题：

（1）考虑到数据采集通道异常、EMS 维护等情况的发生，可能因为通道和维护等情况出现遥测部分数据缺失的现象。

（2）参数关联挖掘要求的历史数据周期较长，一般需要一年以上的数据进行挖掘，数据库庞大。

（3）部分情况下，由于负荷特征或天气变化等原因导致预测曲线有别于以往预测规律时，可能出现对预测负荷相似情况难以精确匹配的情况。

针对以上的问题，本节给出一种基于相邻斜率分段归并的标准化 ED-DTW 混合算法（NBED-DTWSMAS）。该方法首先针对问题（3）的情况，通过分段线性化的手段，将负荷预测曲线分解成相互不耦合的时间段曲线，再根据时段内数据集合在历史库中进行挖掘，这样做的好处是能够最大限度地避免日负荷预测曲线在历史数据库中进行挖掘时出现相似度低的情况，从而在一定程度上保证分段后区间内的挖掘效果。其次，在对原曲线分段后，如何以分段后的曲线为条件进行挖掘是另一个关键问题，这个问题的核心是如何将划分后的曲线和数据库中同一时间段内的数据集进行匹配，即如何计算划分后时段内曲线间的相似性。前面提到的两种常用距离计算方法都有各自缺陷，欧式距离比较粗糙，精度较低，且无法处理时间点不匹配的情况，而 DTW 尽管精度较高，但是如果都采用 DTW 来进行相似距离的计算，则计算量巨大，很难实用化。

基于以上分析，首先对传统 ED 方法进行改进，有学者提出的加权方法尽管效果不错，但是权值的设置不好把握，因此本节采用将时间序列进行标准化操作，使其标准化到区间 $[0,1]$，这样可以消除曲线振幅平移和伸缩对时间序列相似性产生的影响。标准化的方法主要采用方差和均值进行归一化，假设序列 $\boldsymbol{X} = \{x_1,\ x_2,\ \cdots,\ x_n\}$，$\boldsymbol{Y} = \{y_1,\ y_2,\ \cdots,\ y_n\}$，以序列 $\boldsymbol{X}$ 为例，该序列的均值为 $E(\boldsymbol{X}) = \dfrac{1}{n}(x_1 + x_2 + \cdots + x_n)$，方差为 $D(X) = E(x^2) - [E(x)]^2$，标准化如下：

$$x'_i = \frac{x_i - E(\boldsymbol{X})}{D(\boldsymbol{X})} \tag{4-14}$$

经过以上标准化，原序列 $\boldsymbol{X}$ 变为 $\boldsymbol{X}'=\{x'_1, x'_2, \cdots, x'_n\}$，$Y$ 变为 $Y'=\{y'_1, y'_2, \cdots, y'_n\}$，此时采用欧式距离计算两序列的相似度，计算如下：

$$D(\boldsymbol{X},\boldsymbol{Y}) = \sqrt{\sum_{i=1}^{m}\left[\frac{x_i - E(\boldsymbol{X})}{D(\boldsymbol{X})} - \frac{y_i - E(\boldsymbol{Y})}{D(\boldsymbol{Y})}\right]^2} \tag{4-15}$$

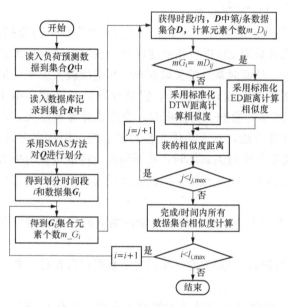

图 4-10　NBED-DTWSMAS 算法流程

尽管对序列进行标准化操作有利于序列间的相似度比较，但在实际数据库中由于通道和数据维护等问题，数据库中常会出现时间点上数据丢失的情况。如果在时间序列比对的相似性计算中只采用标准化 ED 距离，对一些由于数据点丢失而导致的时间序列不匹配的情况，相似性计算结果可能会出现较大偏差。考虑到 DTW 在处理时间序列不匹配中的优势，本节在对序列进行标准化后，首先对两时间序列集合内的元素个数进行比较，假设预测数据集合 $\boldsymbol{Q}$ 在分段后第 i 段内的数据集为 $\boldsymbol{G}_i$，数据集内的元素个数为 m_G_i，待比对的数据库条目的总数为 D，以第 j 个条目为例，此时 $\boldsymbol{D}_{i,j}$ 为第 i 个时间段内第 j 个条目的数据集合，$m\_D_{i,j}$ 为数据集合里的元素总个数，如果 $m\_G_i \neq m\_D_{i,j}$，则时间序列的相似性采用 DTW 计算，否则采用 DE 计算。NBED-DTWSMAS 算法流程如图 4-10 所示。

三、连续型属性的处理方法研究

1. 连续属性离散化策略

通常关联规则算法中讨论的挖掘对象都为离散量，而本节的挖掘条件和属性中除了离散量外还有连续量，例如负荷、电压等，因此为了能使用现有的关联规则挖掘算法，有必要对连续量进行离散化处理。通过离散化处理将连续量变为离散量的区间，从而得到区间的离散属性。以身高为例，假设小陈身高 180cm，这是一个连续量属性，可以表示为"属性：身高，数值：180cm"，现有的挖掘算法一般都将离散属性通过采用布尔量来挖掘，因此需要将连续属性转变为离散属性，首先需要对连续属性进行划分，比如身高这个属性可以离散化为 {高，中等，矮} 三个属性，同时对三个属性分别定义区间 {（+∞，178]，[177，170]，[169，0)}，此时就可以将原来连续型的属性离散为 {高，（+∞，178]}、{中等，[177，170]}、{矮，[169，0)}，则小明 180cm 的身高可以归为"高"，这个离散的属性中，其值表示为 1，其他属性则都是 0。

通过区间的划分可以将连续属性进行离散化，但很多时候只简单地对区间进行分段划分很难符合实际需求，或者没有意义。还以上面的例子来说明，如果小陈的身高是 177.9cm，按照以上的划分他应该属于中等，但如果将他的身高划到中等显然是不合适的，显然这种将连续属性划分成固定的不重叠的区间的方法有弊端，但如果划分为重叠区间，例如 $\{(+\infty, 178]$，$[180, 170]$，$[172, -\infty)\}$，那么当小陈身高是 179 的话，此时他的身高就属于〈高〉和〈中等〉两个属性，这样有可能出现属性值被重复强调的现象，这显然也给挖掘带来困难。以上两种方法的问题主要是由于对连续属性的划分过于具体，为了对属性进行划分并使划分结果能够较好地表达实际问题，可采用模糊数学中隶属度函数的方法来对连续属性进行划分，针对这种划分方法提出一种模糊关联挖掘算法（MAFAR），该算法通过属性的模糊化，较好地避免了划分区间生硬的问题并取得了不错的效果。

2. 基于改进模糊关联规则的快速挖掘算法（FMAIFAR）

尽管 MAFAR 能够较好地将属性模糊化并进行挖掘，但是该方法仍是采用类似 Apriori 算法的思想进行频繁集的挖掘和计算，因此也沿袭了 Apriori 算法的一些不足，尤其在计算频繁集的支持度及生成候选集的时候，耗时较长，计算效率较低。针对以上两个问题，本节对 MAFAR 进行改进，提出一种基于改进模糊关联规则的快速挖掘算法（FMAIFAR），通过引入几个性质来简化挖掘中模糊支持度的计算及项集间连接判断，提高挖掘效率。

（1）性质 1：对一个 k-项集 I，若包含 $I[1]$，$I[2]$，$\cdots$，$I[k-1]$，$I[k]$ 的事务集合分别为 T_1，T_2，$\cdots$，T_k，则包含 I 的事务集合为 $\overset{k}{\underset{i=1}{\mathbf{I}}} T_i$。性质 1 表明包含项集的事务集合等于包含该项集元素的事务交集。本节将这个性质引入模糊关联挖掘中，其主要思想是在模糊关联挖掘中首先计算出频繁 1-项集 L_1，并根据 L_1 进行重新排列，每一行包含项集及项集对应的事物标识和模糊度值。在生成候选 2-项集 C_2 的时候对两个项集利用性质 1 进行分析求出交集，再根据 L_1 进行模糊支持度的计算，这样每次计算支持度只要利用 L_1 进行求解而不需要反复扫描原数据库，大量节省了计算时间。

（2）性质 2：一个频繁项集的任意子集必定是频繁项集。性质 2 表明当进行项集的连接操作时，可以通过子集来判断是否能生成频繁项集。

（3）性质 3：若 L_k 能生成 L_{k+1}，假设 L_k 中的项集个数为 m，则必有 $m>k$。性质 3 表明在判断是否能由 L_k 生成 L_{k+1} 时，可以直接由 L_k 中的项集个数进行判断。

为了进一步说明挖掘过程，本节将利用一个模糊化后的关联表实例来简要说明 FMAIFAR 的运行步骤，模糊化后的初始数据见表 4-10。

表 4-10　　　　　　　　　　　　模糊化后的初始数据

序　号	A			B			C			D			E		
	L	M	H	L	M	H	L	M	H	L	M	H	L	M	H
1	0	0	0.8	0	0.8	0	0	0.8	0	0.1	0.5	0	0	0	0.8
2	0	0.8	0	0	0	0.7	0	0	0.7	0.4	0.2	0	0	0.5	0
3	0	0	0.7	0	0.5	0.1	0.8	0	0	0	0.6	0	0	0	0.9
4	0	0.3	0.1	0.8	0	0	0	0	0.5	0	0	0.7	0.7	0	0
5	0	0	0.9	0	0.9	0	0	0.7	0	0	0.6	0	0	0	0.9
6	0.7	0	0	0	0	0.3	0.4	0.5	0	0.2	0.4	0	0	0	0.8
7	0	0	0.7	0	0.7	0	0	0.8	0	0	0	0.8	0	0.3	0.5

序　号	A			B			C			D			E		
	L	M	H	L	M	H	L	M	H	L	M	H	L	M	H
8	0.3	0.1	0	0	0.1	0.5	0	0	0.7	0	0	0.9	0.1	0.5	0
9	0	0	0.8	0	0.8	0	0	1	0	0	0.8	0	0	0.6
10	0.1	0.2	0	0	0	0.6	0	0	0.6	0	0.7	0	0.2	0.4	0
总计	1.1	1.4	4	0.8	3.8	2.2	1.2	3.8	2.5	0.7	1.7	3.8	1	2	4.5

首先挑选出满足（$minsup=0.3$）的项集得到候选 1 - 项集 C_1，候选 1 - 项集 C_1 见表 4 - 11。

表 4 - 11　　　　　　　　　　　　　候选 1 - 项集 C_1

项　集	模糊支持度	事务列表
AH	$\{0.8, 0.7, 0.1, 0.9, 0.7, 0.8\}$	$\{T_1, T_3, T_4, T_5, T_7, T_9\}$
BM	$\{0.8, 0.5, 0.9, 0.7, 0.1, 0.8\}$	$\{T_1, T_3, T_5, T_7, T_8, T_9\}$
CM	$\{0.7, 0.6, 0.8, 0.9, 0.8\}$	$\{T_1, T_5, T_6, T_7, T_{10}\}$
DH	$\{0.8, 0.7, 0.5, 0.8, 0.6\}$	$\{T_4, T_5, T_7, T_8, T_9\}$
EH	$\{0.8, 0.9, 0.9, 0.8, 0.5, 0.6\}$	$\{T_1, T_3, T_5, T_6, T_7, T_9\}$

根据 C_1 求候选 2 - 项集 C_2，这里以计算 $\{AH, BM\}$ 的支持度为例，首先求包含 $\{AH, BM\}$ 的事物集合 $\{T_1, T_3, T_4, T_5, T_7, T_9\} \bigcap \{T_1, T_3, T_5, T_7, T_8, T_9\} = \{T_1, T_3, T_5, T_7, T_9\}$，然后再根据 C_1 中对应项集的模糊支持度求每个项集间的最小交集，得到 $sup\{AH, BM\} = 0.37$，采用同样的方法可以计算所有的 2 - 项集，得到候选 2 - 项集 C_2，并根据模糊支持度得到频繁 2 - 项集 L_2，频繁 2 - 项集 L_2 见表 4 - 12。

表 4 - 12　　　　　　　　　　　　　频繁 2 - 项集 L_2

项　集	AH, BM	AH, CM	AH, EH	BM, CM	BM, EH	CM, EH
模糊支持度	0.37	0.30	0.35	0.30	0.33	0.31

通过以上分析可以看出，通过性质 1 的引入，支持度的计算得到了简化，所有支持度的计算只需在 C_1 中进行扫描即可，而 C_1 相比初始数据库进行了大量的冗余信息删减，因此计算速度加快，随着数据库事务数据的增加，简化计算的效果将更加明显。

在得到 L_2 之后，对 L_2 进行连接操作得到候选 3 - 项集，连接后 C_3 表示为 $C_3 = \{(AH, BM, CM), (AH, BM, EH), (AH, CM, EH), (AH, BH, EH), (BM, CM, EH), (BM, CM, EH)\}$，对 C_3 进行剪枝得到候选 3 - 项集 $C'_3 = \{(AH, BM, CM), (AH, CM, EH), (BM, CM, EH)\}$，显然采用连接来生成频繁 3 - 项集要经过连接和剪枝，并且需要扫描初始数据库，当数据量较大时，计算十分耗时。本节通过引入性质 2，可以快速得到频繁 3 - 项集，具体做法是对 L_2 中第一项相同的项集进行组合，例如对 $\{(AH, BM), (AH, CM)\}$ 只要判断 $(BM, CM) \in L_2$，如果成立则 (AH, BM, CM) 必为频繁 3 - 项集，因为所有的子项都是频繁项集。因此只要通过 3 步判断，就能得到 C_3，且不需要重新扫描初始数据库，只要扫描 L_2

即可。最后由 L_3 生成 L_4 的时候，可以直接使用性质3，由于 L_3 中项集的个数3，小于4，因此不用判断直接可以得到 $L_4 = \varnothing$。通过以上分析可以知道，将三个性质引入到模糊关联挖掘中能够提高计算效率，FMAIFAR算法伪代码如图4-11所示。

```
FastMiningalorithmsoffuzzyassociationrul  es()
{ CaculateDBFuzzyvalueofattribute     ();
  Get C₁, Get I₁, k=1;//根据最小支持度得到C₁, ₁ L₁
  if(Get C₂(L₁) = Ture)
  {while (C_{k+1}(L_k) ≠ ∅) do
    {if(Get L_{k+1}(L_k) = Ture)
      {k = k +1;
        if( Get C_{k+1}(L_k) = false ) {break;}
      }
    }
  }
}
```

```
bool  Get C_{k+1}(L_k)// 计算C_{k+1}
{ C_{k+1} = ∅
  if(| L_k |> k)
  { for i = 1 to | L_k |
    for j = 1 to | L_k |
      if(k ≥2 ) do
        if(I_i[1] = I_j[1] ∩ I_i[2] = I_j[2] ∩ ...∩ I_i[k-1] = I_j[k-1])
        if (I_i[k]∪ I_j[k])∈ L_k  { C_{k+1} = C_{k+1} ∪(I_i ∩ I_j[k])}
        else { C_{k+1} = C_{k+1} ∪(I_i ∪ I_j)}
      end for
    end for
  }
  if C_{k+1} ≠ ∅ return ture;
}
```

```
Caculate DB Fuzzy value of attribute ()
{ for i =1 to n //对数据库中的数据进行模糊化处理
  for j = 1 to m
  //R_{jz}为w_i^j的第z个模糊分区，u_j(R_{jz})为分区上的隶属度函数值
  f_i^j = u_j(R_{j1})/R_{j1} + u_j(R_{j2})/R_{j2} + ... + u_j(R_{jz})/R_{jz};
  end for
end for
Weight_{jz,i} = 0 //对每一个项的模糊分区上进行求和操作
for j = 1 to m
  for z = 1 to R_{jz}
    for i = 1 to n
      Weight_{jz,i} = Weight_{jz,i} + u_j(R_{jz})
    //求出每个项集上对应模糊分区的模糊支持度值
    weight_{jz} = weight_{jz} / n
  end for
end for
```

```
bool Get L_{k+1}(C_{k+1}) // 计算L_{k+1}
{ for i = 1 to | C_{k+1} | // | C_{k+1} |表示C_{k+1}中包含的K+1项集个数
  weight_i = 0;
  //C_{k+1}^i[I_1]表示C_{k+1}中第i个K+1项集中的第1个项集
  TS= C_{k+1}^i[I_1] ∩ C_{k+1}^i[I_2] ∩ ...∩ C_{k+1}^i[I_{K+1}];
  for j = 1 to | TS |
  { weight_i =weight_i + min{TS[ j][u(T_i)]∩ ...∩ TS j[u(T_{i+1})]}
  sup C_{k+1}[i] = weight_i / n
  if(sup C_{k+1}[i] ≥min sup) {L_{k+1}=L_{k+1} ∪ C_{k+1}[i]}
  end for
}
```

图4-11　FMAIFAR算法伪代码

第五节　仿真测试与分析

仿真算例选取实际电网的日负荷预测数据和历史数据进行挖掘，选取某一变电站低压侧（10kV）母线的日负荷预测结果作为挖掘条件，变电站低压侧母线的日负荷预测数据如图4-12所示。历史数据则选取2014年7月30日至2015年8月1日近一年的数据，历史数据见表4-13。

表4-13　　　　　　　　　历　史　数　据

数据项目	日期	时间	有功负荷	无功负荷	母线电压	变压器挡位	补偿设备投切状态
1	2015-08-1	00：05：00	16.31	−1.16	10.62	6	退出
2	2015-08-1	00：10：00	16.22	−1.22	10.61	6	退出
3	2015-08-1	00：15：00	16.11	−1.27	10.61	6	退出
...	...	...	...	...	...	...	...
n	2014-07-30	23：55：00	15.35	−0.68	10.58	7	退出

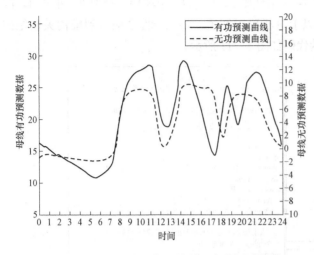

图 4-12　变电站低压侧母线的日负荷预测曲线

采用基于相邻斜率的分段归并方法对负荷预测有功负荷曲线进行划分和归并，时段划分结果见表 4-14。按照划分的时间段对数据表中的数据进行聚合，时间段内数据聚合结果见表 4-15，每一个划分区间内的数据集合都作为后续的挖掘条件。以第一个挖掘区间时段为例，此时间段为 00:00～05:30，其中 **PG** 为时段内有功负荷数据的集合，**QG** 为时段内无功负荷数据的集合，**UG** 为时段内母线电压数据的集合，**TVG** 为时段内变压器挡位的集合，**CG** 为补偿设备的投切状态集合。进一步对表 4-15 进行简化，将母线电压转化为电压偏差并进行归一化处理，电压偏差的计算方法如下：

$$UV_i = \sum_{j=1}^{n} \left| \frac{U_i^{\text{spec}} - U_i}{U_{\text{max-min}}} \right| / n \qquad (4-16)$$

式中：U_i^{spec} 为给定的电压基准值（$U_i^{\text{spec}} = 10.35$）；$U_{\text{max-min}}$ 为时段内电压距离基准值的最大波动范围，$U_{U_{\text{max-min}}} = U^{\text{max}} - U^{\text{spec}}$。

统计母线电压越限次数（$10.05 \leqslant U \leqslant 10.65$），同时将时段内变压器挡位和补偿设备投切值转化为挡位动作次数和补偿设备动作次数。

表 4-14　　　　　　　　　　　　时 段 划 分 结 果

时段	时段 1	时段 2	时段 3	时段 4	时段 5	时段 6	时段 7	时段 8	时段 9
时间范围	00:00～05:30	05:30～11:00	11:00～12:30	12:30～14:30	14:30～17:30	17:30～19:00	19:00～20:00	20:00～22:00	22:30～24:00

表 4-15　　　　　　　　　　　时间段内数据聚合结果

数据项目	日期	时间	有功负荷	无功负荷	母线电压	变压器挡位	补偿设备状态
1	2014-08-1	00:00～05:30	PG_1	QG1	UG1	TVG1	CG1
2	2014-08-2	00:00～05:30	PG_2	QG2	UG2	TVG2	CG2
3	2014-08-3	00:00～05:30	PG_3	QG3	UG3	TVG3	CG3
…	…	…	…	…	…	…	…
n	2015-07-30	00:00～05:30	PG_n	QGn	UGn	TVGn	CGn

有功和无功负荷数据采用 ED-DTW 混合策略计算相似度，时间段内数据转换结果见表 4-16。

表 4 - 16　　　　　　　　　　　时间段内数据转换结果

数据项目	日期	时间	有功相似	无功相似	电压偏差	电压越线次数	变压器动作次数	补偿设备动作次数
1	2015 - 08 - 01	00：00～05：30	0.93	0.88	0.797	10	2	0
2	2015 - 07 - 30	00：00～05：30	0.94	0.85	0.814	12	2	0
3	2014 - 07 - 29	00：00～05：30	0.91	0.86	0.672	0	2	1
…	…	…	…	…	…	…	…	…
n	2014 - 07 - 30	00：00～05：30	0.73	0.65	0.736	7	1	1

对表 4 - 16 中各属性进行模糊化处理，不同属性的隶属度函数如图 4 - 13 所示，各属性对应的模糊语言依次表示如下：

（1）有功和无功负荷定义为｛很不相似（SN），不相似（N），有些相似（S），比较相似（B），非常相似（HB）｝。

（2）母线电压偏差定义为｛偏差较小（L），有一定偏差（M），偏差较大（H）｝。

（3）电压越限次数定义为｛无越限，越限次数较少，越限次数较多｝。

（4）挡位动作次数定义为｛较少，正常，较多｝。

（5）电容器投切次数定义为｛较少，正常，较多｝。

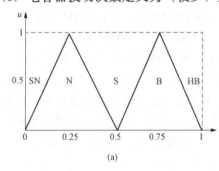 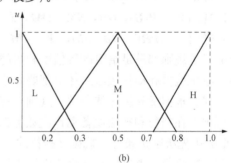

(a)　　　　　　　　　　　　　　　　　(b)

图 4 - 13　不同属性的隶属度函数

（a）有功和无功负荷隶属度函数；（b）母线电压偏差和电压越限次数隶属度函数

通过模糊集的引入，将原表中的连续型数据转换为离散型数据，连续型属性离散化后的结果见表 4 - 17。

表 4 - 17　　　　　　　　　连续型属性离散化后的结果

数据	P					Q					SPECV			OVERV			ACTT			ACTC		
	PSN	PN	PS	PB	PHB	QSN	QN	QS	QB	QHB	SH	SM	SL	OH	OM	OL	TH	TM	TL	CH	CM	CL
1	0	0	0	0.28	0.72	0	0	0	0.48	0.52	0	0	0.81	0	0	0.63	0	1	0	0	0	1
2	0	0	0	0.24	0.76	0	0	0	0.6	0.4	0	0	0.87	0	0	0.77	0	1	0	0	0	1
3	0	0	0	0.32	0.64	0	0	0	0.56	0.44	0	0	0.77	0	0.33	0.3	0	1	0	0	1	0
…	…	…	…	…	…	…	…	…	…	…	…	…	…	…	…	…	…	…	…	…	…	…
n	0	0	0.08	0.92	0	0	0	0.4	0.6	0	0	0	0.56	0	0.68	0	0	0	1	0	1	0

对划分后的预测曲线按各划分时段内的 P、Q 曲线进行挖掘，考虑到挖掘的效率，抽取

$P=\{PB\neq\varnothing \text{ or } PHB\neq\varnothing\}$，$Q=\{QB\neq\varnothing \text{ or } QHB\neq\varnothing\}$ 的数据，对表 4 - 17 的数据再次进行筛选。通过对选定属性数据集的挖掘可以得到一组强关联规则，对于满足置信度和兴趣度条件的多个强关联规则，本节采用如下的策略再次进行筛选，该策略首先定义各属性的优先级顺序及条件。各属性间的优先级为

$$P > OVERV > Q > SPECV \tag{4-17}$$

属性内的优先级为

$$\begin{cases} PSN < PN < PS < PB < PHB \\ QSN < QN < QS < QB < QHB \\ OH < OM < OL \\ SH < SM < SL \\ TH < TM < TL \\ CH < CM < CL \end{cases} \tag{4-18}$$

根据属性间和属性内的优先级关系，对挖掘获得的强关联规则集合按优先级关系进行逐条筛选，最终获得最优强关联规则并输出。以时段 00：00～05：30 的挖掘为例，挖掘结果满足 $minsup=0.25 \wedge minconf=0.75 \wedge I_{min}\geqslant1$ 的强关联规则集合如下：

（1）规则 1：（**PB**，**QB**，**SL**，**OL**，**TL**，**CL**）$=PB\wedge QB\wedge SL\wedge OL\Rightarrow TL\wedge CL$。

（2）规则 2：（**PHB**，**QB**，**SM**，**OM**，**TL**，**CL**）$=PHB\wedge QB\wedge SM\wedge OM\Rightarrow TL\wedge CL$。

（3）规则 3：（**PHB**，**QB**，**SM**，**OL**，**TM**，**CM**）$=PHB\wedge QB\wedge SM\wedge OL\Rightarrow TM\wedge CM$。

以上三条规则都满足给定的置信度和兴趣度阈值，根据最优筛选条件，规则 1 的电压越限次数、电压偏差和动作次数总体上都要好于规则 2 和规则 3，但由于有功和无功曲线匹配度较差，因此根据优先级筛选条件，规则 1 应首先被排除。通过对规则 2 和规则 3 比较可以发现，规则 2 在挡位和补偿设备动作次数上都优于规则 3，但由于规则 3 的越限情况好于规则 2，根据优先级筛选条件，规则 2 被排除，规则 2 和规则 3 的筛选过程也反映了在实际控制中通常会牺牲部分电网的经济性来保证电网的安全稳定运行。因此，最终获得的强关联规则为规则 3，对该规则反模糊化得到最终的挡位动作次数和补偿设备动作次数分别为 2 和 1。传统方法和基于关联规则挖掘方法的对比结果见表 4 - 18。

表 4 - 18　　　　　　传统方法和基于关联规则挖掘方法的对比结果

时段划分	基于关联规则挖掘方法的时段划分及动作次数分配								
	时段 1	时段 2	时段 3	时段 4	时段 5	时段 6	时段 7	时段 8	时段 9
	00：00～05：30	05：30～11：00	11：00～12：30	12：30～14：30	14：30～17：30	17：30～19：00	19：00～20：00	20：00～22：30	22：30～24：00
T - Times	2	2	1	1	1	1	0	0	2
C - Times	1	1	0	1	1	1	0	0	0
时段划分	传统人工时段划分和动作次数分配						
	时段 1	时段 2	时段 3	时段 4	时段 5	时段 6	时段 7
	00：00～07：00	07：00～11：30	11：30～14：00	14：00～15：30	15：30～19：00	19：00～21：00	21：00～24：00
T - Times	2	1	1	1	2	3	0
C - Times	0	1	1	1	0	0	1

　　从表 4－18 可以看出，两种方法获得的设备总动作次数相同，而基于关联挖掘方法得到的时段划分明显更加精细，且时段内设备动作次数的结果更加符合负荷波动的规律。为了进一步说明采用关联挖掘获得参数结果的优势，本节将挖掘的结果用于在线控制，选取负荷预测结果较为相似的两日，参数分别采用传统人工设定值和关联挖掘优化值进行控制。

　　不同参数设置方法得到的 10kV 母线电压控制结果如图 4－14 所示，图中对比了不同参数设置下的优化控制对母线电压的影响，从图中可以看出，相比传统方法，采用基于关联挖掘方法获得的电压控制曲线更加平稳，尤其在时段 5：00～6：00、12：00～13：00、17：00～18：00，由于负荷的快速变化使得电压出现越限。此时传统方法由于时段划分不符合当前负荷的峰谷特性，且时段内设备动作次数设置不合理，导致三个时段由于设备动作次数的限制造成电压越限，而采用关联挖掘得到的时段划分和动作次数分配则能够满足峰谷特性和调压的需求。究其本质，主要是因为随着时间和系统方式的变化，负荷本身的波动规律也发生了改变，传统方法的划分和设置通常都是采用人为经验的粗略设置且更新不及时，因此无法适应负荷波动的变化，导致控制效果不佳。不同参数设置方法得到的控制结果对比见表 4－19，表中给出了不同参数设置方法下的控制结果定量分析，分析表中数据可知，在设备动作次数相同的情况下，全天的电压偏差和电压越限情况相比传统方法都有较大改善，分别提高了 7％和 9％，控制优化效果明显。

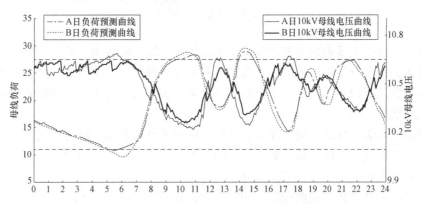

图 4－14　不同参数设置方法得到的 10kV 母线电压控制结果

表 4－19　　　　　　　　　不同参数设置方法得到的控制结果对比

参数设置方法	主变压器挡位总动作次数	补偿设备总动作次数	全天电压偏差	电压合格率
传统方法	10	4	0.5684	91％
挖掘方法	10	4	0.5326	100％

　　不同支持度和算法的挖掘结果比较如图 4－15 所示，图 4－15（a）展示了不同支持度对挖掘结果的影响，图中采用 3 个月的数据进行挖掘，当 $minsup=0.25$ 时，挖掘所需时间约为 65s，随着支持度不断增大，挖掘所需要的时间迅速减少。这是因为当支持度较小时，产生的候选集数量较大，因而生成频繁集时需要较多的计算时间。图 4－15（b）展示了 FMAIFAR 算法和 MAFAR 算法在挖掘时间上的比较，分别采用 3、6、9 个月和 12 个月的数据进行比较（$minsup=0.25$），可以发现随着挖掘量的不断增加，FMAIFAR 算法效果逐渐凸显，这主要是因为当数据量不断增大时，FMAIFAR 算法在计算支持度和判断连接方法

上的改进给挖掘计算节省的时间逐渐增多，因此 FMAIFAR 算法在一定程度上能够适应大型数据库的挖掘计算。

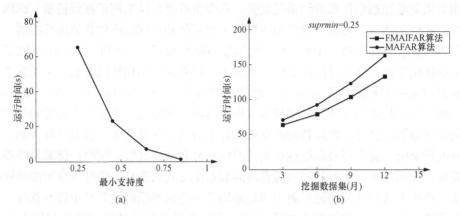

图 4-15　不同支持度和算法的挖掘结果比较
（a）不同支持度的挖掘结果；（b）不同算法的挖掘结果

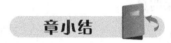

　　无功电压控制中关键参数的智能辨识是无功优化系统迈向智能化的一个重要标志，针对传统无功优化关键参数设置过程烦琐且设置结果不合理现象，本章提出一种基于数据挖掘的无功优化参数智能辨识框架，从一个全新的角度来分析无功优化中关键参数的辨识和设置问题，具体总结如下：

　　（1）提出一种无功优化参数智能辨识框架，解决关键参数的智能辨识问题。

　　（2）针对母线负荷按峰谷特性划分困难的问题，给出一种基于斜率分段归并的曲线划分策略，用于对预测负荷曲线进行智能划分。

　　（3）为了快速精准地实现曲线间的相似比较，采用一种标准化 ED-DTW 混合策略，通过该策略能在保证精度的条件下快速实现曲线之间的相似匹配。

　　（4）为了缩短挖掘时间，引入部分定理和性质对计算频繁集和支持度的方法进行改进，通过一种快速挖掘算法进一步提高整体挖掘效率。

　　（5）仿真采用实际电网数据进行分析，结果表明参数辨识框架能自动对预测曲线进行合理划分并根据历史数据给出参数设置结果。将设置结果用于实际控制后，与传统方法相比，挖掘方法在减小电压偏差和提高电压合格率上取得了更好的效果，不同数据规模的仿真结果也表明了挖掘算法改进后具有速度优势。

第五章　考虑风电接入且含交流潮流约束的多目标经济调度建模方法

第一节　概　　述

随着传统能源日渐枯竭，优化和节能问题已成为能源领域的热点话题，就电力系统而言，周期内机组组合的最优方案是减少系统运行费用且降低煤耗的重要手段，机组组合问题的本质是在满足电网复杂约束条件下通过机组间启停策略的调整来获得周期内系统运行成本最小。因此，最优机组组合问题是电力系统优化节能的重要一环。

近年来全球对环境可持续发展的讨论日益高涨，随着哥本哈根世界气候大会会议的持续发酵，以及 G20 峰会和 APEC 会议的召开，人们的环保意识逐渐增强，以系统发电成本最小的传统电力系统调度模型正在逐步向以环境和节能综合优化调度模型转变。本章以火电机组总的发成本最小和火电机组总的污染气体排放量最小为目标，构建一个多目标环境机组组合模型，力图在保证总发电成本较小的同时兼顾污染气体排放对环境的影响，寻找两者间的平衡点。同时，随着电网中大规模新能源的不断接入，新能源的高渗透性（尤其是风电的高渗透性）使得人们已不能忽视其并网后的影响，以风电为代表的新能源因其较强的不确定性和随机性给电网的经济性和安全性带来了全新的挑战。由于风电出力的随机性会给系统的运行造成影响，因此如何处理风速的随机性变得十分重要，本章在处理风速这一随机变量时采用双参数威布尔（Weibull）分布，该方法已在实际场景中得到广泛应用并取得了较好的效果。考虑到风电实际出力和计划出力之间有一定偏差，而由这一偏差引起的系统运行成本的变化不能忽略，因此本章在系统机组组合发电成本最小的目标中引入风电不确定性运行成本，以充分体现风电出力不确定性对系统经济性的影响。

此外，传统机组组合问题中采用直流潮流（DCPF）模型，但这一模型采用的前提是基于电网中有足够的无功支撑能力这一假设，很多实际情况并非如此。DCPF 模型的引入虽然解决了线路潮流约束的问题，但该模型无法对电网中节点的无功电压情况进行有效的考虑，这也导致了电网中出现无功分布不合理时电压越限的情况，此时计算结果可能与实际情况有较大偏差。采用 DCPF 模型还阻断了电网中有功和无功的耦合性，电网中无功潮流的合理分布有时不仅只通过无功的调节来完成，有功的变化同样也会对无功潮流的合理分布产生影响。例如，在有功调度中通过机组组合模型的计算，可以采用发电成本较小的机组对距离较远的地区进行供电，但可能会导致该区域出现电压无功问题，即使采用无功优化的调节可能仍然无法较好地解决，此时如果通过有功的启停调整采用附近的机组进行供电，机组的发电成本可能较大，在经济性上有所牺牲，但保证了电网无功潮流的合理分布，使电网安全性得到提升。因此，在机组组合问题中如果需要更加全面地考虑电网中有功无功的耦合性及运行的安全性，就需要在约束中完整地考虑交流潮流（ACPF）模型，ACPF 的引入也从侧面反映了电压无功对机组启停策略的影响，进一步体现了电网侧有功和无功之间的关联性。此外，为了体现发电机侧有功和无功及电压之间较强的耦合关系，本章在机组的约束中还加入了电压静稳中机组的运行极限不等式，使模型在发电和输电侧两端全面体现有功和无功之间的关联性。

第二节　风电出力随机特性分析和风电场景选取方法

一、风电出力随机特性分析

风电是一种间歇性能源，具有很多传统化石能源所不可比拟的优势，如无污染、风电场建造时间短且费用较低等，但气候的不确定性也会导致风电有功输出不确定。风机总出力是由风的流动率 m_v 和风速 v 共同决定的。假设在恒定区域内，持续状态下的方程为

$$m_v = \rho A v \tag{5-1}$$

式中：v 为风速，m/s；ρ 为空气密度，kg/m³；A 为叶片面积。

风机总输出表示为

$$P_w = (m_v v^2)/2 = (\rho A v^3)/2 \tag{5-2}$$

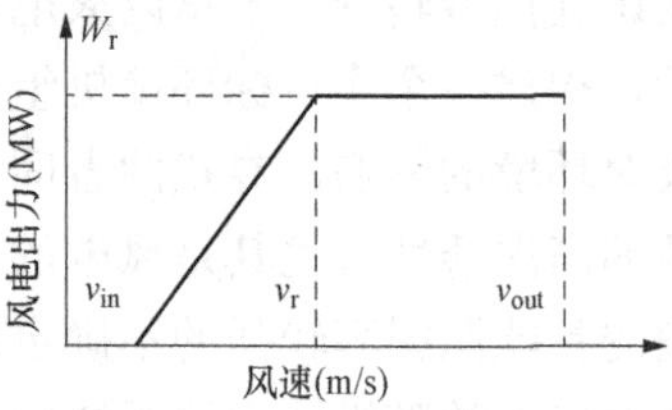

图 5-1　简化的风速曲线

式（5-2）中 v 是随机变量。忽略非线性，风速和输出可以进行简化，简化的风速曲线如图 5-1 所示，图 5-1 展示了风能输出功率情况，其中，W_r 是额度功率，v_{in}、v_r、v_{out} 分别是切入风速、额定风速和切出风速。

从图 5-1 可以看出，风速可分为三个部分，高于 v_{out} 或低于 v_{in}、v_{in} 和 v_r 之间和 v_r 和 v_{out} 之间。当风速低于 v_{in} 时，风机出力为 0；当风速在 v_{in} 和 v_r 之间时，出力为线性函数；当风速在 v_r 和 v_{out} 之间时，出力为额定出力。因此风能的出力可以为如下分段函数：

$$W = \begin{cases} 0, & v < v_{in} \text{ 或 } v > v_{out} \\ av + b, & v_{in} \leqslant v < v_r \\ W_r, & v_r \leqslant v \leqslant v_{out} \end{cases}$$

$$a = W_r/(v_r - v_{in}), b = -v_{in}W_r/(v_r - v_{in}) \tag{5-3}$$

大量研究表明风速近似服从 Weibull 分布，本章模型中 Weibull 分布是一个三参数分布，参数分别为 c、k、v，概率密度函数（CDF）和分布函数如下：

$$\begin{cases} f_v(v) = \dfrac{k}{c}\left(\dfrac{v}{c}\right)^{k-1} \mathrm{e}^{-\left(\frac{v}{c}\right)^k} \\ F_v(v) = 1 - \mathrm{e}^{-\left(\frac{v}{c}\right)^k}, v \geqslant 0 \end{cases} \tag{5-4}$$

式中：c 为尺度参数；k 为形状产生，且 c、$k>0$。

k、c 的近似计算方法如下：

$$\begin{cases} k = (\sigma/v_m) - 1.086 \\ c = v_m/[\Gamma(1 + 1/k)] \end{cases} \tag{5-5}$$

式中：v_m 为风速平均值；σ 是标准差；Γ 为伽马函数。

通过概率密度函数和分段函数可以计算出每一段的风电输出概率如下：

（1）当 $v < v_{in}$ 或 $v > v_{out}$ 时，$W = 0$，计算概率如下：

$$P_r(W=0) = P_r(v < v_{in}) + P_r(v > v_{out}) = F_v(v_{in}) + [1 - F_v(v_{out})]$$

$$= 1 - \mathrm{e}^{-\left(\frac{v_{\mathrm{in}}}{c}\right)^k} + \mathrm{e}^{-\left(\frac{v_{\mathrm{out}}}{c}\right)^k} \tag{5-6}$$

（2）当 $v_{\mathrm{in}} \leqslant v \leqslant v_{\mathrm{r}}$ 时，$W = av + b = \dfrac{(v - v_{\mathrm{in}})W_{\mathrm{r}}}{v_{\mathrm{r}} - v_{\mathrm{in}}}$，计算概率如下：

$$P\{W \leqslant W_{\mathrm{r}}\} = P\left\{W = \frac{(v - v_{\mathrm{in}})W_{\mathrm{r}}}{v_{\mathrm{r}} - v_{\mathrm{in}}} \leqslant W_{\mathrm{r}}\right\} = P\left\{v \leqslant \frac{(v_{\mathrm{r}} - v_{\mathrm{in}})W_{\mathrm{r}}}{W_{\mathrm{r}}} + v_{\mathrm{in}}\right\}$$

$$= F_v\left\{\frac{(v_{\mathrm{r}} - v_{\mathrm{in}})W_{\mathrm{r}}}{W_{\mathrm{r}}} + v_{\mathrm{in}}\right\} \tag{5-7}$$

分布函数为

$$F_{\mathrm{w}}(W) = \frac{k(v_{\mathrm{r}} - v_{\mathrm{in}})}{cW_{\mathrm{r}}} \left[\frac{\frac{(v_{\mathrm{r}} - v_{\mathrm{in}})W_{\mathrm{r}}}{W_{\mathrm{r}}} + v_{\mathrm{in}}}{c}\right]^{k-1} \cdot \mathrm{e}^{\left[\frac{\frac{(v_{\mathrm{r}} - v_{\mathrm{in}})W_{\mathrm{r}}}{W_{\mathrm{r}}} + v_{\mathrm{in}}}{c}\right]^k} \tag{5-8}$$

当 $v_{\mathrm{r}} \leqslant v \leqslant v_{\mathrm{out}}$ 时，$W = W_{\mathrm{r}}$，计算概率如下：

$$P_{\mathrm{r}}(W = W_{\mathrm{r}}) = P_{\mathrm{r}}(v_{\mathrm{r}} \leqslant v \leqslant v_{\mathrm{out}}) = F_v(v_{\mathrm{out}}) - F_v(v_{\mathrm{r}})$$

$$= \mathrm{e}^{-\left(\frac{v_{\mathrm{r}}}{c}\right)^k} - \mathrm{e}^{-\left(\frac{v_{\mathrm{out}}}{c}\right)^k} \tag{5-9}$$

二、风电出力场景的选取策略

由上一节分析可知风速的大小决定了风电的出力，通常通过预测方式来获取风速信息，但由于天气变化和其他因素制约，对风速的预测精度并不理想，这也导致了对风电出力的预测结果波动较大，难以把握。为了解决这一问题，基于抽样的方法被提出来用于模拟风电的随机性。在风速 v 这一随机变量的概率密度函数已知的情况下，可能出现的风电场出力情况可以通过逆变抽样（ITM）得到。由于 ITM 属于 Monte Carlo 抽样中的简单随机抽样方法，其有许多不足，尤其在样本较小时难以模拟随机变量的理论分布。基于以上问题，研究人员提出了拉丁超立方采样（LHS），LHS 是一种采用分层的抽样方法，它能在样本数量较少的情况下仍可近似反映随机变量的理论分析，因此受到众多研究人员的广泛关注，并被改进和大量使用。在处理多个相互独立的随机变量时，为了降低各独立随机变量之间的关联性，需要对采样值进行排序，因此 LHS 一般分为采样和排序两个步骤。在采样环节主要是将随机变量对应的概率密度函数的 Y 轴进行等距离划分，然后在每段中点取值，与中点对应的反函数即为所求的样本。在排序环节通常有两种方法：①Cholesky 方法计算速度快且场景生成规模小，适合随机变量较多的情况；②Scenario tree 方法因其生成的场景规模较大，适合随机变量较少的情况。

LHS 可以通过生成场景来模拟随机变量的不确定性，但其获得的场景数量很大，会给模型的快速求解增加难度，如果场景太少又会降低模拟的精度，为了克服以上问题研究人员又提出了很多的改进方法来减少场景的数量。即便如此，抽样方法获得的场景数量仍然较大，就本节提出的模型而言，由于多目标机组组合问题是一个复杂的调度问题，需要对一天 24h 周期内的风电进行预测，如果对全天的风电出力采用 LHS 进行模拟，则场景数量庞大且模型整体计算量很大，基于以上情况，找到一种计算简单、求解速度较快且精度也能令人满意的方法来模拟风电的出力情况尤为重要，有学者提出了一种基于区间数方法来处理负荷不确定性情况的场景选取，该方法通过置信区间的设定来模拟负荷的不确定性，计算简单且效果较好，由于风电和负荷具有类似的不确定性特征，因此，本节将区间数优化的方法用于处理风电的不确定性。

　　大量的研究表明风电出力的预测误差近似服从正态分布。可以假设已知时段内风电的预测功率已知，且服从正态分布 $N_t \sim (0, \sigma_t^2)$，此时概率密度函数 $f(\Delta P_t^w)$ 和标准差 σ_t 可以计算如下：

$$\begin{cases} f(\Delta P_t^w) = \dfrac{1}{\sqrt{2\pi}\sigma_t} e^{\frac{(\Delta P_t^w)^2}{2\sigma_t^2}} \\ \sigma_t = 0.2 P_t^w + 0.02 S_i^w \end{cases} \quad (5-10)$$

式中：P_t^w 为风电出力 t 时段内的预测出力；S_i^w 为第 i 个风电场内所有机组的容量之和。

　　对于置信区间的选取没有统一的标准，如果选择过窄可能无法包含一些波动导致的误差情况，使计算结果不可信；如果选择过宽，则有可能因为误差范围过大使模型难以收敛。通常当置信水平达到时，其误差的覆盖率超过 99.7%。

　　置信区间获取方法如图 5-2 所示，风电场出力的随机性通过预测出力置信区间的设定，最终由时段内风电出力上下限和风电出力的期望共同构成了风电场出力不确定性的重要场景。

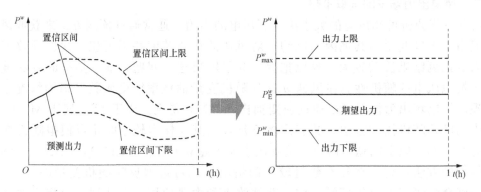

图 5-2　置信区间获取方法

第三节　考虑环境因素且带交流约束的多目标机组组合建模研究

一、目标函数分析

1. 考虑风电接入的系统运行成本分析

传统的考虑机组组合模型的系统运行成本的目标函数为

$$\begin{cases} F(P_{g,i,t}) = \sum_{t=1}^{N_t} \sum_{i=1}^{N_g} \left[C_i(P_{g,i,t}) \cdot I_{i,t} + SC_{i,t} \right], \\ SC_{i,t} = SC_{i,t}^O + SC_{i,t}^R, \\ SC_{i,t}^O = I_{i,t} \eta_i (1 - I_{i,t-1}), \\ SC_{i,t}^R = I_{i,t}(1 - I_{i,t-1}) \cdot \left\{ \alpha_i + \beta_i \left[1 - e^{\frac{x_i^{off}(t)}{\phi_i}} \right] \right\} \end{cases} \quad i \in [1, N_g], t \in [1, T] \quad (5-11)$$

式中：N_t 为研究周期内的时段数；N_g 为可启停火电机组数；$I_{i,t}$ 为机组 i 在 t 时间段的启停状态；$C_i(P_{g,i,t})$ 为第 i 台火电机组带阀点效应的发电成本函数，这里的发电成本函数选用

第二章中带阀点效应的发电成本函数 ［见式（2-3）］；$SC_{i,t}$ 为机组 i 在 t 时段的启停成本；$SC_{i,t}^{Q}$ 为机组 i 在 t 时段的停机费用函数；η_i 为在时间段 t 内机组停机的费用系数；$SC_{i,t}^{R}$ 为机组 i 在 t 时段的开机费用函数，开机费用和连续停机时间是有关联的，因此开机费用由停机时间所决定；α_i 为机组 i 的启动和运维费用；β_i 为机组 i 在冷却环境下的启动费用；$X_i^{\text{off}}(t)$ 为机组 i 在时段 t 上已经连续停机的时间；ψ_i 为时间常数。

考虑到计算的复杂性，Kazarlis 等人提出一种近似模型：

$$SC_{i,t}^{R} = \begin{cases} hsc_i, & X_i^{\text{off}}(t) \leqslant t_i^{\text{cold}} + T_i^{\text{off}} \\ csc_i, & X_i^{\text{off}}(t) > t_i^{\text{cold}} + T_i^{\text{off}} \end{cases} \tag{5-12}$$

式中：hsc_i、csc_i 分别为机组的热启动和冷启动费用；T_i^{off}、t_i^{cold} 分别为机组 i 的最小停机时间和冷启动时间。

随着新能源的不断接入，尤其是风电这类随机性很强能源的接入，电网对其因高渗透率而产生的影响已经不能简单忽略。因此在传统只考虑火电机组运行成本的基础上，需要综合考虑风电由于随机性和不确定性而带来的运行成本问题。上面分析了风电随机性特征，考虑到风电不确定性对电网运行成本的影响，可将风电运行成本分为三个部分，表示如下：

$$\sum_{j=1}^{M} C(P_{w,j}) = \sum_{j=1}^{M} \left[C_{w,j}(P_{w,j}) + C_{P,w,j}(P_{w,j,av} - P_{w,j}) + C_{r,w,j}(P_{w,j} - P_{w,j,av}) \right]$$

$$\tag{5-13}$$

式中：$C_{w,j}(P_{w,j})$ 为风电机组的费用；$C_{P,w,j}(P_{w,j,av} - P_{w,j})$ 为风电机组实际出力大于计划出力情况下的系统惩罚费用；$C_{r,w,j}(P_{w,j} - P_{w,j,av})$ 为风电机组实际出力低于计划出力的情况下的系统惩罚费用。

（1）第一部分：风电机组的费用函数。具体表示如下：

$$C_{w,j}(P_{w,j}) = d_j P_{w,j} \tag{5-14}$$

式中：$C_{w,j}$ 为第 j 台风电机的费用函数，对于实际在使用的风电机组来说通常是把风电场的操作费用转变为支付形式；d_j 是第 j 台风电机的直接费用系数，一般情况下风电运行不产生额外费用，因此 $d_j = 0$；$P_{w,j}$ 为此时的风电计划出力。

（2）第二部分：风电机组实际出力大于计划出力情况下的系统惩罚费用。此时由于实际出力大于计划出力，系统通过平衡额外出力而产生惩罚费用。由于风电出力的不确定性，通常会增加系统为了平衡风电不确定性而进行的系统调整费用，因此在第 j 台风机的预计出力 $P_{w,j}$ 已知的情况下，根据风速的随机分布特征和风机出力被低估的概率，可计算系统惩罚费用，计算公式如下：

$$C_{P,w,j}(P_{w,j,av} - P_{w,j}) = k_{P,w,j}(P_{w,j,av} - P_{w,j})$$

$$= k_{P,w,j} \int_{P_{w,j}}^{P_{w,r,j}} (P_w - P_{w,j}) f_{P,w}(P_w) dP_w \tag{5-15}$$

式中：$C_{P,w,j}$ 为第 j 台风电机组由于实际出力大于计划出力情况下需要系统平衡过剩出力而引起的惩罚费用函数；$k_{P,w,j}$ 为第 j 台风电机组的低估惩罚系数；$P_{w,j}$ 为第 j 台风电机组的计划出力；$P_{w,r,j}$ 为第 j 台风电机组的额定出力；$P_{w,j,av}$ 为第 j 台风电机组的实际出力；$f_{P,w}(P_w)$ 为概率密度函数。

（3）第三部分：风电机组实际出力低于计划出力的情况下的系统惩罚费用。此时风电机组的出力差额将通过系统备用容量来补偿，因此会增加系统备用和平衡费用，和第二部分类似，具体表示如下：

$$C_{r,w,j}(P_{w,j} - P_{w,j,av}) = k_{r,w,j}(P_{w,j} - P_{w,j,av})$$

$$= k_{r,w,j} \int_0^{P_{w,j}} (P_{w,j} - P_w) f_{p,w}(P_w) \mathrm{d}P_w \qquad (5-16)$$

式中：$C_{r,w,j}$ 为第 j 台风电机组由于不确定性而引起系统备用需求的费用函数，用来惩罚风电出力被高估的情况；$k_{r,w,j}$ 是第 j 台风电机组的高估惩罚系数。

因此考虑风电接入下的系统总运行成本函数为

$$F_g = \sum_{t=1}^{N_t} \sum_{i=1}^{N_g} [C_i(P_{g,i,t}) \cdot I_{i,t} + SC_{i,t}] + \sum_{j=1}^{M} C(P_{w,j}) \qquad (5-17)$$

2. 考虑环境因素的系统污染气体总排放量最小目标

在机组的组合调度过程中，影响环境的主要是火电机组污染气体的排放，排放中最主要的污染气体为 SO_x、NO_x，可以通过分别建模或整体建模的方式来描述。考虑到简化计算，本节采用整体建模来描述污染的排放问题。

$$F_e = \min \sum_{t=1}^{N_t} C_e(t) = \min \sum_{t=1}^{N_t} \sum_{i=1}^{N_g} [C_{e,i}(P_{g,i,t}) \cdot I_{i,t}], i \in [1, \cdots, N_g], t \in [1, N_t]$$

$$\qquad (5-18)$$

$$C_{e,i}(P_{g,i,t}) = \begin{cases} \alpha_i + \beta_i P_{g,i,t} + \gamma_i P_{g,i,t}^2 + \xi_i e^{\lambda_i P_{i,g,t}}, & P_{i,g,t} > 0 \\ 0, & \text{其他} \end{cases} \qquad (5-19)$$

式中：$P_{g,i,t}$ 为第 i 个火电机组在时段 t 内的有功输出；α_i、β_i、γ_i、ξ_i、λ_i 为对应第 i 个火电机组的排放系数。

3. 多目标模型

根据以上分析，可以建立如下多目标模型：

$$minimize[F_e(X), F_g(X)]$$

$$\text{subject to}: G(X) = 0, h(X) \leqslant 0 \qquad (5-20)$$

式中：$G(X) = 0$、$h(X) \leqslant 0$ 分别代表模型的等式和不等式约束。

由于约束中包含了机组的约束、交流潮流的约束及对风电不确定性的处理，因此以下专门对模型的约束进行分析。

二、模型相关约束的分析

1. 机组约束

（1）系统平衡约束。具体可表示如下：

$$\sum_{i=1}^{N_g} (P_i^t \cdot I_i^t) + \sum_{w=1}^{N_w} P_w^{f,t} = D^t + P_{\text{Loss}}^t \qquad (5-21)$$

式中：N_g、N_w 分别为系统中火电机组、风电机组的数量；D^t 为系统在时间段 t 内的总负荷；P_{Loss}^t 为系统在时间段 t 内的网损；$P_w^{f,t}$ 为时段 t 内的风电预测值。

（2）火电机组开停机约束。具体可表示如下：

$$\begin{cases} (T_{i,\text{on}}^{t-1} - T_{i,\text{on}}^{\min})(I_i^{t-1} - I_i^t) \geqslant 60, \\ (T_{i,\text{off}}^{t-1} - T_{i,\text{off}}^{\min})(I_i^t - I_i^{t-1}) \geqslant 0, \end{cases} i = 1, 2, \cdots, N_g, t = 1, 2, \cdots, N_t \qquad (5-22)$$

式中：$T_{i,\text{on}}^{t-1}$、$T_{i,\text{off}}^{t-1}$ 分别为机组 i 在时间段 t 之前已连续运行和已连续停运的时间；$T_{i,\text{on}}^{\min}$、

$T_{i,\text{off}}^{\min}$ 分别为机组 i 的最小运行开机时间和最小允许停机时间。

（3）系统旋转备用约束。具体可表示如下：

$$\sum_{i=1}^{N_g}(P_i^{t,\max}\cdot I_i^t)+\sum_{w=1}^{N_w}(P_w^{f,t}\cdot I_i^t)\geqslant D^t+w\%D^t \tag{5-23}$$

式中：$w\%$ 为备用对负荷的系数，通常 $w\%\in[5\%,10\%]$。

（4）火电机组有功爬坡约束。具体可表示如下：

$$\begin{cases}P_i^t-P_i^{t-1}\leqslant[1-I_i^t(1-I_i^{t-1})]RU_i\cdot\Delta t+I_i^t(1-I_i^{t-1})P_i^{\min}\\ P_i^{t-1}-P_i^t\leqslant[1-I_i^{t-1}(1-I_i^t)]RD_i\cdot\Delta t+I_i^{t-1}(1-I_i^t)P_i^{\min}\\ i=1,2,\cdots,N_g,t=1,2,\cdots,N_t\end{cases} \tag{5-24}$$

式中：RU_i、RD_i 分别为第 i 台机组的上调速率限值和下调速率限值；Δt 为系统允许爬坡时间。

机组在相邻时间段内的出力必须满足一定的约束。

（5）发电机有功出力约束。具体可表示如下：

$$\begin{cases}P_i^{t,\min}\cdot I_i^t\leqslant P_i^t\leqslant P_i^{t,\max}\cdot I_i^t,&i=1,2,\cdots,N_g,t=1,2,\cdots,N_t\\ P_{i,w}^{t,\min}\cdot I_i^t\leqslant P_{i,w}^t\leqslant P_{i,w}^{t,\max}\cdot I_i^t,&i=1,2,\cdots,N_w,t=1,2,\cdots,N_t\end{cases} \tag{5-25}$$

式中：P_i^t、$P_{i,w}^t$ 分别为火电机组和风电机组的出力；$P_i^{t,\max}$、$P_i^{t,\min}$ 分别为 t 时间段内机组的有功出力的上、下限；$P_{i,w}^{t,\max}$、$P_{i,w}^{t,\min}$ 分别为风电机组在 t 时间段内出力上、下限。

（6）火电机组无功约束。具体可表示如下：

$$Q_{i,t}^{\min}\cdot I_{i,t}\leqslant Q_{i,t}\leqslant Q_{i,t}^{\max}\cdot I_{i,t} \tag{5-26}$$

式中：$Q_{i,t}^{\max}$、$Q_{i,t}^{\min}$ 分别为 t 时间段内机组的无功出力的上、下限，是机端电压和有功出力的函数。

为了能更好地反映机组有功和无功以及电压之间的制约关系，本节引入电压静稳中机组的运行极限不等式，主要约束包含机组静态稳定储备约束、定子绕组温升约束、励磁绕组温升约束。

1）机组静态稳定储备约束表示如下：

$$Q_{i,t}^{\min}\geqslant\frac{P_{i,t}}{\tan\delta_{i,\max}}-\frac{U_{m,t}^2}{X_{i,d}} \tag{5-27}$$

式中：$\delta_{i,\max}$ 为第 i 个发电机机端电压与交轴的夹角最大值，$\delta_{i,\max}\in[70°,80°]$；$X_{i,d}$ 为第 i 台发电机的直轴电抗。

2）定子绕组温升约束表示如下：

$$Q_{i,t}^{\max}\leqslant\sqrt{U_{m,t}^2\cdot I_{i,a\max}^2-P_{i,t}^2} \tag{5-28}$$

式中：$I_{i,a\max}$ 为第 i 台发电机定子电流的最大值。

3）励磁绕组温升约束表示如下：

$$Q_{i,t}^{\max}\leqslant\sqrt{\frac{E_{i,q\max}^2\cdot U_{m,t}^2}{X_{i,d}^2}-P_{i,t}^2}-\frac{U_{m,t}^2}{X_{i,d}} \tag{5-29}$$

式中：$E_{i,q\max}$ 为第 i 台发电机的最大空载电动势。

2. 网络安全约束

（1）潮流约束表示如下：

$$\begin{cases} P_G^{j,t} - P_D^{j,t} = U_{j,t} \sum_{m \in \boldsymbol{SN}} U_{m,t}(G_{jm}\cos\theta_{jm,t} + B_{jm}\sin\theta_{jm,t}), j \in \boldsymbol{SN-1}, t = 1, \cdots, N_t \\ Q_G^{j,t} - Q_D^{j,t} = U_{j,t} \sum_{m \in \boldsymbol{SN}} U_{m,t}(G_{jm}\cos\theta_{jm,t} - B_{jm}\sin\theta_{jm,t}), j \in \boldsymbol{SPQ}, t = 1, \cdots, N_t \end{cases}$$

$$(5 - 30)$$

式中：$P_G^{j,t}$、$P_D^{j,t}$ 分别为 t 时间段内母线 j 的有功出力和有功负荷；$Q_G^{j,t}$、$Q_D^{j,t}$ 分别为 t 时间段内母线 j 的无功出力和无功负荷；$U_{j,t}$ 为 t 时间段内的母线 j 的电压；$\theta_{jm,t}$ 为 t 时间段内母线 j 和 m 之间的相角；G_{jm}、B_{jm} 分别为母线 j 和 m 之间的电导和电钠；$\boldsymbol{SN-1}$ 为除平衡节点的集合；$\boldsymbol{SPQ}$ 为所有 PQ 节点的集合。

（2）线路传输功率约束表示如下：

$$\begin{cases} |PL_{l,t}| \leqslant PL_{l,t}^{\max}, l = 1,2,\cdots,N_1, t = 1,\cdots,N_t \\ PL_{l,t} = PL_{ab,t} = U_a^2 g_{ab} - U_{a,t}U_{b,t}[g_{ab}\cos\theta_{ab,t} + b_{ab}\sin\theta_{ab,t}] \end{cases}$$

$$(5 - 31)$$

式中：$PL_{l,t}$ 为 t 时刻线路的传输功率；$PL_{l,t}^{\max}$ 为 t 时刻线路的传输功率的最大值；N_1 为线路的数量；$PL_{ab,t}$ 为线路 ab 在 t 时间段内由节点 a 流向节点 b 的有功功率。

（3）电压约束表示如下：

$$U_{m,t}^{\min} \leqslant U_{m,t} \leqslant U_{m,t}^{\max}, m \in \boldsymbol{SN}, t = 1,\cdots,N_t \quad (5 - 32)$$

式中：$U_{m,t}$ 为节点 m 在 t 时段的电压；$U_{m,t}^{\max}$、$U_{m,t}^{\min}$ 分别为节点 m 在 t 时段的电压上、下限。

通过以上分析可以看出式（5 - 21）～式（5 - 32）构成了考虑环境因素和风电接入不确定性情况下带交流约束条件的电网多目标最优机组组合模型。在该模型中，风电的不确定性导致了系统运行成本及系统旋转备用容量增加，而交流潮流、电压和支路潮流约束的引入则在机组有功出力和系统无功支撑之间建立起桥梁。

三、考虑风电不确定性的相关约束的修正方法

对于本节给出的多目标模型来说，其约束部分主要分为机组约束和网络安全约束两类，由于风电出力的不确定性，通常要在模型的约束中处理风电出力的随机性。前面介绍了两种风电出力场景的选取策略，由于选用抽样方法来模拟关键场景计算量较大，因此采用基于区间数的方法来模拟风电不确定性，通过设定置信区间来获得预测风电在不同时段内的功率波动范围。采用区间优化的方法，将波动范围的两个极端出力和期望出力作为模拟风电的不确定性的关键场景。因此，在考虑风电场景情况下，对部分模型的约束进行修正。式（5 - 20）修正如下：

$$\sum_{i=1}^{N_g} (P_i^{t,s} \cdot I_i^t) + \sum_{w=1}^{N_w} [P_w^{\mathrm{Up},t}, P_w^{\mathrm{Down},t}] = D^t + P_{\mathrm{Loss}}^t \quad (5 - 33)$$

式中：$P_i^{t,s}$ 为场景 S 下的火电机组的出力；$P_w^{\mathrm{Up},t}$ 为风电机组出力波动上限；$P_w^{\mathrm{Down},t}$ 为风电机组出力波动下限。

在传统电力系统运行中，机组的旋转备用是保证电网运行安全和稳定的重要手段，当系统实际负荷和预测之间产生偏差，或者机组停运带来额外误差时都需要靠机组的旋转备用进行平衡。随着新能源不断接入电网，风电这类清洁能源的随机性和不确定性将会对电网造成较大影响，且预测此类能源的出力非常困难，预测出力和实际出力之间常有较大出入，因此系统需要提供旋转备用容量来应对此类能源出力不确定性给系统造成的影响。此时取时段内

风电出力下限 $P_\mathrm{w}^{\mathrm{Down},t}$ 来保证系统旋转备用，则式（5-23）可修正如下：

$$\sum_{i=1}^{N_\mathrm{g}} (P_i^{t,\max} \cdot I_i^t) + \sum_{w=1}^{N_\mathrm{w}} (P_\mathrm{w}^{\mathrm{Down},t} \cdot I_i^t) \geqslant D^t + w\%D^t \qquad (5-34)$$

此外，当风电接入后还需要保证在负荷低谷时段，所有运行发电机的最小出力能够满足此时风电最大出力之和的系统平衡，即

$$\sum_{i=1}^{N_\mathrm{g}} (P_i^{t,\min} \cdot I_i^t) + \sum_{w=1}^{N_\mathrm{w}} (P_\mathrm{w}^{\mathrm{Up},t} \cdot I_i^t) \leqslant D^t \qquad (5-35)$$

一般来说机组开机后和关机前都必须达到最小出力，由于不确定能源的接入，不同时段内各火电机组的有功出力无法确定，在不确定出力的情况下采用场景生成的方法来模拟计算量惊人。假设时段内的场景个数为 N，一共有 T 个时段，那么组合后将有 N^T 个场景，计算量巨大，因此为了缩减计算规模，保证机组爬坡约束在不确定能源接入的情况下也能成立，本节采用相邻时段内的极端场景来简化复杂的场景模拟。极限爬坡情况如图5-3所示，图中表示的是两个相邻时间段内机组爬坡的极端场景，套用常规机组爬坡约束的思想，在极端场景条件下，只要相邻时段内系统内机组总出力的差满足各火电机组爬坡约束之和，即可进行简化判断，从图5-3可以看出相邻时间段内极端情况有四种组合，但是实际只要符合其中两种即可保证所有极端情况下爬坡约束被满足，场景数量将由 N^T 个下降到 $2(T-1)$ 个，则式（5-23）可修正如下：

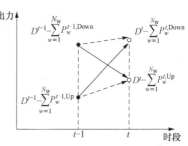

图5-3　极限爬坡情况

$$\begin{cases} D^t - \displaystyle\sum_{w=1}^{N_\mathrm{w}} P_\mathrm{w}^{t,\mathrm{Down}} - D^{t-1} + \sum_{w=1}^{N_\mathrm{w}} P_\mathrm{w}^{t-1,\mathrm{Up}} \leqslant \sum_i^{N_\mathrm{g}} \{RU_i \cdot \Delta t \cdot [1 - I_i^t(1 - I_i^{t-1})] + P_i^{\min} \cdot I_i^t(1 - I_i^{t-1})\} \\ D^{t-1} - \displaystyle\sum_{w=1}^{N_\mathrm{w}} P_\mathrm{w}^{t-1,\mathrm{Down}} - D^t + \sum_{w=1}^{N_\mathrm{w}} P_\mathrm{w}^{t,\mathrm{Up}} \leqslant \sum_i^{N_\mathrm{g}} \{RD_i \cdot \Delta t \cdot [1 - I_i^{t-1}(1 - I_i^t)] + P_i^{\min} \cdot I_i^{t-1}(1 - I_i^t)\} \end{cases}$$

$$(5-36)$$

另外，火电机组不仅要保证时段间的爬坡约束，还要保证机组在风电波动时能迅速调整出力确保系统供电。因此，还需要满足以下约束：

$$| P_i^t - P_i^{t,s} | \leqslant \delta_i \qquad (5-37)$$

式中：$P_i^{t,s}$ 为火电机组 i 在时段 t 内风电场景 s 下的有功出力；δ_i 为机组 i 在给定时间内可快速调整出力的限值。

章小结

近年来随着以风力发电为代表的新能源发电在电网中的比重日益增加、人们的环保理念不断加强，以节能减排为目的的各类研究已经上升到国家战略层面的高度。本章从新能源接入和环境保护出发，考虑到新能源接入的间歇性和波动性，以及无功电压和有功出力之间相互制约的特征，提出一种考虑环境因素和风电接入不确定性情况下带交流约束条件的电网多

目标最优机组组合模型。首先，探讨了风电出力的随机特性和风电场景的选取方法；其次，详细分析了新模型的目标函数和各类约束条件；最后，讨论了风电不确定性的处理策略，包括风电不确定性对运行成本和约束的影响。

第六章　考虑风电不确定性且含复杂约束条件的多目标优化模型求解方法

第一节　概　　述

本书第四章建立了考虑环境因素且带交流约束条件的电网多目标机组组合模型，该模型是一个非线性且约束复杂的随机多目标优化问题，其求解没有固定的方法，如果采用常规的多目标方法进行求解，由于模型复杂（尤其是 ACPF 约束的存在）且风电出力具有随机性，直接求解该模型变得异常艰难且不易收敛。带复杂约束的机组组合问题的求解一直以来都是研究的热点和难点，早期机组组合问题大多采用直流潮流（DCPF）模型且考虑约束较少，求解相对容易且多用数值方法进行求解，主要的方法有优先顺序法（PL）、动态规划法（DP）、拉格朗日松弛法（LR）、内点法（IPM）和分支定界法（B&B）。

随着研究不断深入，人们逐渐意识到采用 DCPF 的一些缺陷，由于无法在求解中考虑网络的无功电压特性，研究人员逐渐尝试将交流潮流（ACPF）引入机组组合模型中，有学者将 ACPF 引入机组组合模型中并采用 Benders 分解方法将模型分为主问题和子问题进行迭代求解，求解的主要思路为先进行主问题的机组组合求解，并将主问题的求解结果带入子问题中校验，如果子问题校验失败，则产生一个 Benders Cut，并作为一个约束返回到主问题继续进行求解，最终通过主子问题的交替迭代求解消除 Cut 并得到机组组合的最优解。ACPF 的引入使模型在求解有功问题的同时兼顾考虑电网无功电压的特性，求解结果更符合实际。近年来人工智能方法对机组组合的求解也逐渐成为研究热点，有学者分别采用 GA、Tabu、SA 和 PSO 方法进行求解；还有学者直接将 GA、TS 和 SA 三种方法进行混合，并通过各自算法的优势指导进化求解，在机组组合问题中取得了较好的结果。

随着全球新能源接入的持续高速增长，近年来以风电为代表的新能源已成为研究的热点，考虑新能源接入的机组组合研究成果也不断涌现，其求解方法趋于多样化。有学者提出了一种在风电接入情况下带网络重构的机组组合模型，模型的求解采用 Benders 分解法，将模型分为带机组组合和网络重构的主问题以及满足不同风电场景约束的子问题，分别交替迭代求解。有学者在考虑风电随机性的同时引入了 ACPF 约束，并采用 Benders 分解将模型分为机组组合主问题、满足不同风电场景的机组组合子问题和网络安全约束子问题。有学者提出了一种带有风电和火电的孤岛机组组合模型，并采用 B&B 结合 DP 进行求解。还有学者采用区间优化的方法获得时段内风电出力的区间，并提出一种改进的 QBPSO 算法混合内点法共同求解模型。

此外，被广泛关注的还有环境的可持续发展问题，但考虑环境因素下的机组组合研究并不太多，有学者将机组的污染排放转化为费用函数形式加到机组组合的目标函数中，模型的约束为 ACPF 约束，采用 Benders 分解结合 BFPSO 共同对模型进行求解。有学者将机组的排放作为一个单独的目标，形成一个多目标优化问题，并采用文化基因差分进化算法结合 NSGA - Ⅱ 和本地搜索算法共同求解多目标模型。有学者将机组的废弃排放量作为一个约束加入机组组合模型中，并将模型分为机组状态和安全约束两部分，机组状态部分采用改进的合声搜索算法求解，而安全约束部分则采用基于数值优化的非线性规划方法求解，仿真结果表明了文中采用策略的有效性。还有学者提出了一种基于 MOEA/D 的多目标求解框架来处理机组排放最小和运行成本最低的多目标机组组合问题。

本章在以上研究和分析的基础上，针对第五章提出的多目标模型，首先采用 Benders 分解法对多目标模型进行分解。Benders 分解是一个求解大规模非线性问题的有效方法，尤其对带有 ACPF 约束的机组组合问题效果显著。该方法通过将模型分解成多目标机组组合主问题和网络安全约束子问题，实现对原问题的降维处理。分解后的子问题是一个 NLP 或 MINLP 问题，可以采用成熟的优化软件进行快速求解；而分解后的主问题是一个带有复杂约束的多目标优化问题，因此需要采用高效的多目标求解算法。本书第三章对多目标优化问题进行了深入研究，考虑到求解模型中污染排放目标和机组发电成本最小目标之间具有博弈性，因此为了进一步提高求解效率，本章将博弈思想引入多目标进化算法中，提出一种基于博弈理论的多目标进化算法（BGT - MOCDEDASS）对主问题进行求解，并在子问题中引入无功控制变量用于消除或减小 Benders Cut，最终使整个模型的求解更加高效且收敛性更强。

第二节　基于 Benders 分解的主子问题交替优化求解分析

一、Benders 分解

为了能够更好地描述 Benders 分解的过程，首先分析以下模型：

$$\begin{cases} \min f(x) \\ \text{s. t. } g(x) \geqslant b \\ h(x, y) \geqslant c \end{cases} \tag{6-1}$$

该模型是一个常见的非线性混合整数优化问题，考虑将部分等式和不等式约束条件分离出去，从而使求解难度降低。假设将 $h(x, y) \geqslant c$ 从模型中去除，那么模型就变成了求解相对容易的 Benders 分解主问题（Master），只要使 Master 得到的解 $\hat{x}$ 能够满足 $h(x, y) \geqslant c$ 的约束即可保证原问题有可行解。如果 Master 求得的解无法满足 $h(x, y) \geqslant c$，则会影响整个模型的收敛性。因此为了加强收敛性，首先对 $h(x, y) \geqslant c$ 引入松弛变量 S，模型可转变为如下形式：

$$\begin{cases} \min w(\hat{x}) = \eta^T s \\ \text{s. t. } h(\hat{x}, y) + s \geqslant c \end{cases} \tag{6-2}$$

模型（6-2）即为原问题的子问题（Sub）。如果 $w(\hat{x}) = 0$，则 Master 获得的 $\hat{x}$ 满足约束 $h(x, y) \geqslant c$，$\hat{x}$ 即为原问题的最优解。如果 $w(\hat{x}) \neq 0$，说明只有在松弛情况下才能使得原问题有可行解，那么此时需要将 Sub 的松弛情况反馈给 Master，这个反馈就是 Benders Cut，公式如下：

$$w(x) = w(\hat{x}) - \lambda^T(x - \hat{x}) \leqslant 0 \tag{6-3}$$

式中：λ^T 为子问题中不等式约束的拉格朗日乘子，反映了子问题取得最优解时目标函数值

对 x 的灵敏度。

$w(\hat{x}) \neq 0$ 时，Master 需要增加约束（6 - 2），并重新对增加了 Benders Cut 约束后的新模型求解，求得 $\hat{x}$ 后再将 $\hat{x}$ 带入 Sub 继续求解，如此反复迭代，直到 $w(\hat{x}) = 0$，则原问题收敛且获得最优解。

二、主问题分析

由上面分析可以看出，通过 Benders 分解可以将模型分解为考虑风电不确定性的多目标环境机组组合问题和基于场景的网络安全约束子问题，目标函数式（4 - 16）和式（4 - 17），以及约束式（4 - 20）～式（4 - 28）形成多目标优化主问题，初始时刻主问题的约束不考虑风电接入的波动性，此时风电机组的有功出力采用有功的期望值带入计算。

三、考虑不同场景下的机组约束子问题分析

子问题的可行性检测，主要是验证在主问题获得的解是否能够适应不同场景下的风电波动及网络安全约束。由于在主问题中采用了极端情况对机组爬坡约束进行了修正，因此不需要再验证爬坡约束，以下给出了在不同场景 S 下还需验证的约束：

$$\sum_{i=1}^{N_g} (P_i^{t,s} \cdot \hat{I}_i^t) + \sum_{w=1}^{N_w} P_w^{s,t} = D^t + P_{\text{Loss}}^t \tag{6-4}$$

$$\sum_{i=1}^{N_g} (P_i^{t,\max} \cdot \hat{I}_i^t) + \sum_{w=1}^{N_w} (P_w^{s,t} \cdot \hat{I}_i^t) \geqslant D^t + w\% D^t \tag{6-5}$$

$$| P_i^{t,s} - \hat{P}_i^t | \leqslant \delta_i \tag{6-6}$$

$$P_i^{t,\min} \cdot \hat{I}_i^t \leqslant P_i^{t,s} \leqslant P_i^{t,\max} \cdot \hat{I}_i^t \tag{6-7}$$

$$G(P_i^{t,s}, P_w^{s,t}) \leqslant 0 \tag{6-8}$$

$G(P_i^{t,s}, P_w^{s,t}) \leqslant 0$ 为网络安全校验的不等式组，在不同场景下，矫正和预防的操作是通过 $| P_i^{t,s} - \hat{P}_i^t | \leqslant \delta_i$ 来消除越限。以上约束中，式（6-4）～式（6-7）反映了在预测风电出力的情况下，模型抵御不同风电场景的机组约束子问题；式（6-8）反映了不同风电场景下网络安全约束子问题。

在求解不同风电场景下机组约束子问题时，为了使子问题有解，一般采用加入松弛变量的方法来确保原问题有解，$S_1^{t,s}$、$S_2^{t,s}$、$S_R^{t,s}$、$S_P^{t,s}$ 均为加入的松弛变量。

$$\min W^s = \sum_{t=1}^{N_t} \left[\kappa (S_1^{t,s} - S_2^{t,s}) + \lambda S_R^{t,s} + \zeta \sum_{i=1}^{N_g} S_P^{t,s} \right] \tag{6-9}$$

$$\sum_{i=1}^{N_g} (P_i^{t,s} \cdot \hat{I}_i^t) + \sum_{w=1}^{N_w} P_w^{s,t} + S_1^{t,s} - S_2^{t,s} = D^t + P_{\text{Loss}}^t \tag{6-10}$$

$$\sum_{i=1}^{N_g} (P_i^{t,\max} \cdot \hat{I}_i^t) + \sum_{w=1}^{N_w} (P_w^{s,t} \cdot \hat{I}_i^t) - D^t - w\% D^t + S_R^{t,s} \geqslant 0 \tag{6-11}$$

$$| P_i^{t,s} - \hat{P}_i^t | - S_P^{t,s} \leqslant \delta_i \tag{6-12}$$

$$P_i^{t,\min} \cdot \hat{I}_i^t \leqslant P_i^{t,s} \leqslant P_i^{t,\max} \cdot \hat{I}_i^t \tag{6-13}$$

$$S_1^{t,s}, S_2^{t,s}, S_R^{t,s}, S_P^{t,s} > 0 \tag{6-14}$$

式中：κ、λ、ζ 分别为越限时松弛变量的罚因子。

当目标函数值 $W^s \neq 0$ 时，说明此时的机组组合和调度解无法适应给定风电场景的变化，此时将产生一个 Benders Cut，加到主问题的目标函数中进行迭代求解，Cut 的公式如下：

$$W^s(P) = \hat{W}^s + \sum_{i=1}^{N_g} \frac{\partial W^s}{\partial P_i^t} \Big|_{\hat{P}_i^t} (P_i^t - \hat{P}_i^t) \leqslant 0 \qquad (6\text{-}15)$$

Cut 表明了当前约束违反量 $\hat{W}^s$ 的消除可以通过调节控制变量 $\hat{P}_i^t$ 来实现。

四、考虑不同场景下的网络约束子问题分析

通过主问题的多目标优化求解能够得到满足机组启停状态的一组 $(\hat{I}_i^t, \hat{P}_i^t)$ 的解集，通过对解集进行分析选出一个最优折中解，将 $(\hat{I}_i^t, \hat{P}_i^t)$ 和不同场景下的 P_w^s 作为输入，检查是否能够满足不同风电场景下的网络约束条件。为了防止 $(\hat{I}_i^t, \hat{P}_i^t)$、$P_w^s$ 无法满足含风电场场景的网络潮流的约束，需要建立网络松弛下的约束模型，模型如下：

$$\begin{cases} \min w_t(\hat{I}_i^t, \hat{P}_i^t) = \sum_{l=1}^{N_L} \tau_l SPL_l + \sum_{m=1}^{SN} \sigma_m (S_{vu} + S_{vd}) \\ P_G^{j,t,s} - P_D^{j,t} = U_{j,t} \sum_{m \in SN} U_{m,t}(G_{jm}\cos\theta_{jm,t} + B_{jm}\sin\theta_{jm,t}), j \in SN-1, t=1,\cdots,N_t \\ Q_G^{j,t,s} - Q_D^{j,t} = U_{j,t} \sum_{m \in SN} U_{m,t}(G_{jm}\cos\theta_{jm,t} - B_{jm}\sin\theta_{jm,t}), j \in SPQ, t=1,\cdots,N_t \\ \theta_{NS} = 0, P_i^t = \hat{I}_i^t \hat{P}_i^t, Q_{t,\min,\max}(\hat{P}_i^t) \\ |PL_{l,t}| \leqslant PL_{l,t}^{\max} + SPL_l, l=1,2,\cdots,N_1, t=1,\cdots,N_t \\ U_m^{t,\min} - S_{vd} \leqslant U_m^t \leqslant U_m^{t,\max} + S_{vu}, m \in SN, t=1,\cdots,N_t \\ G_Q(Q_i^t, \hat{I}_i^t) \leqslant 0 \\ SPL_l, S_{vu}, S_{vd} > 0 \end{cases}$$

$$(6\text{-}16)$$

式中：θ_{NS} 为平衡节点的相角；$Q_{t,\min,\max}(\hat{P}_i^t)$ 为采用主问题得到的机组出力 $\hat{P}_i^t$ 来获得对应的机组无功上、下限；$G_Q(Q_i^t, \hat{I}_i^t) \leqslant 0$ 为机组运行极限不等式组式（4-25）～式（4-28）；τ_l 为线路 l 对应的传输潮流越限时的松弛量的惩罚因子；σ_m 为母线节点 m 电压越限时松弛量的罚因子；SPL_l、S_{vu}、S_{vd} 分别为支路潮流和电压对应的松弛变量。

如果该模型求解后 $w_t(\hat{I}_i^t, \hat{P}_i^t) \neq 0$，则主问题的优化结果无法满足网络安全约束，需要返回 Benders Cut 到主问题中进行迭代求解，Cut 的公式如下：

$$w_t(I,P) = \hat{w}_t + \sum_{i=1}^{N_g} \omega_i^{p,t} \cdot (P_i^t I_i^t - \hat{P}_i^t \hat{I}_i^t) + \sum_{i=1}^{N_g} \psi_i^{t,Up} \cdot \hat{Q}_i^{t,\max} \cdot (I_i^t - \hat{I}_i^t)$$
$$- \sum_{i=1}^{N_g} \psi_i^{t,Down} \cdot \hat{Q}_i^{t,\min} \cdot (I_i^t - \hat{I}_i^t)$$
$$\leqslant 0 \qquad (6\text{-}17)$$

式中：$\hat{w}_t$ 为 t 时段子问题的目标函数值；$\omega_i^{p,t}$ 为等式 $P_i^t = \hat{P}_i^t \hat{I}_i^t$ 对应的拉格朗日乘子，表示 t 时段内第 i 个机组的 P 改变对网络约束子问题目标函数值的灵敏度；$\psi_i^{t,Up}$ 为对应的机组 Q 上限约束的拉格朗日乘子；$\psi_i^{t,Down}$ 为对应的机组 Q 下限约束的拉格朗日乘子；$\hat{Q}_i^{t,\max}$ 为机组的无功上限计算值；$\hat{Q}_i^{t,\min}$ 为机组的无功下限计算值。

五、主子问题的交替迭代求解框架

以上分析了 Benders 分解后主子问题的目标函数、约束条件及 Benders Cut，考虑风电不确定性的主子问题交替迭代求解框架如图 6-1 所示，图中给出了主子问题交替迭代求解的具体方法。

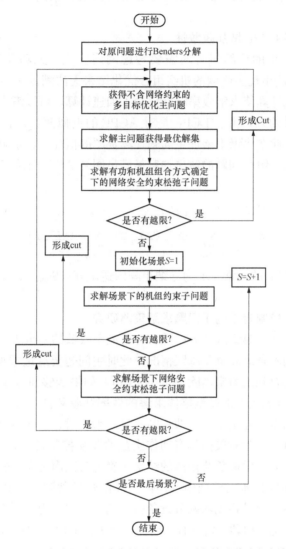

图 6-1　考虑风电不确定性的主子问题交替迭代求解框架

第三节　提高模型求解效率的方法研究

由于 Benders 分解是一个交替迭代的过程，因此常会遇到求解效率低甚至不收敛的情况。采用 Benders 分解法求解机组组合问题时大多通过主问题获得机组的启停状态和出力，而后在此基础上对子问题进行网络安全约束校验，如果出现无功或电压越限，则返回 Benders Cut 主问题，再次求解带 Benders Cut 约束的主问题，通过对主问题和子问题不断交替迭代，直到 Benders Cut 完全消除。采用这种方法虽然能够获得模型的优化解，但同样也存在一些情况下求解困难等问题，尤其是在电网规模较大或无功分配不合理的情况下可能会造成主子问题的反复迭代，不但计算耗时长还有可能不收敛，严重影响求解效率。因此，基于以上问题并结合本书所提模型的特征，采用以下两种方法来改善模型的求解效率和收敛性。

一、初始迭代采用 DCPF 增加收敛性

采用带交流潮流约束的机组组合时需要考虑网络安全、无功和电压的情况，因此在Benders 分解后，有可能出现主问题的机组组合优化结果无法满足子问题的约束条件，从而导致主子问题反复迭代计算使求解效率降低。为了加速计算，可以考虑初始时刻在主问题的求解模型中增加 DCPF 约束，由于 DCPF 是对 ACPF 的近似简化，且计算简单只要增加一个不等式约束即可，因此在尽量不增加主问题计算资源的情况下，求解出近似考虑网络潮流约束的解，比只考虑机组组合问题的解更加容易满足网络 ACPF 的约束，DCPF 增加的约束如下：

$$\begin{cases} P_{i,j}^{\max} \leqslant P_{i,j} \leqslant P_{i,j}^{\min} \\ P_{i,j} = \sum_{k \in S_{\mathrm{NBG}}} \dfrac{a_{ik} - a_{jk}}{x_{ij}} P_k - \sum_{k \in S_{\mathrm{NBD}}} \dfrac{a_{il} - a_{jl}}{x_{ij}} P_l \end{cases} \tag{6-18}$$

式中：a_i、a_j 分别为矩阵 $\boldsymbol{A}'$ 的元素；$\boldsymbol{A}'$ 为导纳矩阵的逆矩阵；S_{NBG}、S_{NBD} 分别为发电机和负荷节点集合。

二、考虑引入无功控制变量的子问题求解策略研究

从以上分析可以发现，模型求解效率低且有可能不收敛的一个重要原因是在求解网络安全约束中时出现了无功不合理和电压越限情况，此时主问题要通过添加 Benders Cut 约束的方式重新调整机组的组合和出力来消除 Benders Cut，如果能够通过子问题的计算减小甚至消除 Benders Cut，则会大大增加模型整体求解的效率和收敛性。基于这样的思想，本节考虑在子问题中增加无功电压控制手段（即控制变量）来应对状态变量（即无功和电压）越限的情况，通常控制变量主要为时段内具有动作次数的无功控制设备，如变压器分接头挡位、无功补偿设备等。此时需要根据负荷预测的结果来确定时段内主变压器挡位的预测值和补偿设备的预测补偿容量并将其加入模型中，挡位和补偿容量预测值的获取并非本书研究的重点，这里不再展开叙述。通过将无功调节设备引入到模型中作为控制变量并增加控制变量相应的约束，即可使子问题在时段 t 内具有无功优化能力。此时模型在（6-16）的基础上增加以下约束：

$$\begin{cases} T_{Tl,t}^{\min} \leqslant T_{Tl,t} \leqslant T_{Tl,t}^{\max}, Tl = 1,2,\cdots,N_{Tl}, t = 1,\cdots,N_t \\ Q_{C,t}^{\min} \leqslant Q_{C,t} \leqslant Q_{C,t}^{\max}, C = 1,2,\cdots,N_C, t = 1,\cdots,N_t \\ T_{i,Tl}^t = T_{i,Tl,t}^{\mathrm{forecast}} \\ Q_{i,C}^t = Q_{i,C,t}^{\mathrm{forecast}} \end{cases} \tag{6-19}$$

式中：N_{Tl} 为可调变压器的支路数；$T_{Tl,t}^{\max}$、$T_{Tl,t}^{\min}$ 分别为可调变压器在 t 时段内的变比约束上、下限；N_C 为补偿节点的数量；$Q_{C,t}^{\max}$、$Q_{C,t}^{\min}$ 分别为补偿节点无功可投切容量下的上、下限；$Q_{C,t}$、$T_{Tl,t}$ 分别为变压器挡位和补偿设备对应的控制变量；$T_{i,Tl,t}^{\mathrm{forecast}}$ 为在 t 时段内第 i 个变压器获得的预测挡位；$Q_{i,C,t}^{\mathrm{forecast}}$ 为在 t 时段内第 i 个补偿设备获得的预测补偿容量。

将 $T_{i,n}^t$、$Q_{i,n}^t$ 代入 ACPF 中，即可获得时段 t 内考虑预测值的基态潮流。假设称原子问题为模型 A，引入控制变量后的子问题为模型 B，则模型 B 类似于无功优化模型，但目标函数不同，因此采用模型 B 对无功潮流分布不合理及电压越限的处理显然优于模型 A。如果出现采用模型 A 进行求解得到 $w_t(\hat{I}_i^t, \hat{P}_i^t) \neq 0$ 而采用模型 B 求解得到 $w_t(\hat{I}_i^t, \hat{P}_i^t) = 0$ 的情况，说明在时间段 t 内主问题给出的解虽然在子问题的校验中会出现越限的情况，但是越限量可以在时段 t 内通过网络内无功控制变量的调节进行消除，因此可以认为在时段 t 内通过机组组合和无功优化的联合调整能够达到机组的经济运行及网络无功潮流的合理分布。如果采用模型 B 校验仍有 $w_t(\hat{I}_i^t, \hat{P}_i^t) \neq 0$，则说明子问题即使采用无功控制变量的调节仍不能完全消除越限情况，但此时 Benders Cut 会相应减小，式（6-20）成立，Benders Cut 的减小显然提高了模型的收敛性和求解效率，考虑引入无功控制变量的子问题求解流程如图 6-2 所示。

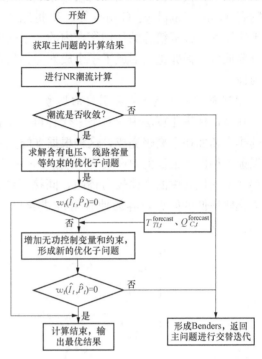

图 6-2　考虑引入无功控制变量的子问题求解流程

$$Value_B(Benders\ Cut) \leqslant Value_A(Benders\ Cut) \tag{6-20}$$

第四节　主子问题求解方法研究

通过以上分析可知，主问题为带有复杂约束条件的多目标优化问题，针对这类问题并没有固定的有效求解方法。就子问题而言，如果不考虑加入控制变量，是一个带有复杂约束的非线性规划问题（NLP），如果引入控制变量，由于补偿设备通常是整数变量，子问题变为了混合整数非线性规划问题（MINLP）。考虑到求解这类问题的商用软件已非常成熟，本节对子问题的求解采用基于 GAMS 建模平台下的 BARON 求解器进行求解。而对主问题，由于主问题是一个多目标约束优化问题，因此可以采用第三章提出的 MOCDEDASS 多目标优化算法框架进行求解，但考虑到主问题的两个目标函数间具有明显的冲突和博弈性，因此本节考虑将博弈理论引入到多目标优化算法中，通过博弈论中 Nash 均衡的思想来指导进化，使得种群中的个体在相互牵制中不断进化逼向真实 Pareto 最优前沿，提高模型整体的求解效率。

一、引入博弈分析的多目标优化算法研究

博弈论是研究决策主体的行为发生直接相互作用时的决策及这种决策的均衡问题，其在很多学科都得到了广泛应用，近些年来在经济、计算机、军事等领域更是获得极大成功。博弈论最早由 Von Neumann 在 1935 年提出。20 世纪 40 年代，Von Neumann 和 Oskar Morgenstern 合作出版了《博弈论和经济行为》，是博弈论发展史的一个里程碑。20 世纪 50 年代，各种博弈模型包含"核"的概念相继被提出，使博弈论研究达到了一个高峰，其中代表人物有 Nash、Shapley、Gilliss 等。20 世纪 60～80 年代，不完全信息动态博弈被提出并得到迅速发展，包括精炼纳什均衡在内的一系列研究成果奠定了动态和不完全博弈在博弈论中的重要地位。博弈论已形成了一个成熟完整的理论体系，并渗透到科学研究和社会生活的方方面面。

1. 种群进化中倒退现象引发的思考

在多目标进化算法中，对下一代种群中个体的选择方法通常采用 Deb 等人提出的非劣解的排序和拥挤距离来完成，这种根据支配关系进行排序的策略很好地体现了解的公平性，也保证了种群中最优的 Pareto 解被选入下一代。拥挤距离的使用保证了种群的多样性，使得留在下一代解中的个体较为稀疏，间接保证了 Pareto 前沿的均匀性。但这种机制可能存在进化效率低的问题，容易使种群的进化产生倒退的现象。种群进化倒退现象如图 6 - 3 所示。

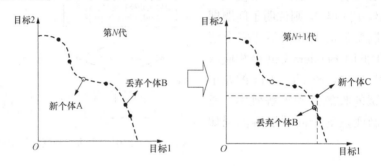

图 6 - 3　种群进化倒退现象

以下用一个进化实例来分析种群在进化过程中出现倒退现象的原因，图 6 - 3 中的第一幅图是种群在第 N 代的 Pareto 前沿解的曲线，在第 N 代时，产生新个体 A，通过计算拥挤距离，丢弃个体 B；在第 N+1 代中，通过进化产生个体 C，但可以看出能够支配新个体 C 的个体 B 在第 N 代被丢弃，而第 N+1 代新产生的个体 C 却被保留，这显然是不合理的，这也说明了种群在进化过程中可能会出现进化倒退现象。

通过以上分析可以看出，基于非劣支配和拥挤距离策略的个体的选择方法可能会造成进化效率的降低，因此解决进化中出现的倒退问题对提高进化算法整体效率非常重要。博弈论是一个平衡各方利益、强调各方利益最大化的方法。在进化算法中引入博弈机制可以对种群提供一种相互制约的张力，从而采用博弈分析方法指导进化。博弈分析指导进化时的示意图如图 6 - 4 所示，从图中可以看出博弈的引入是通过一种个体间相互牵制的方式来推动种群不断向 Pareto 最优前沿逼近，由于这种相互牵制的张力存在，使得进化中个体退化的现

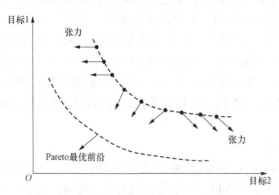

图 6 - 4　博弈分析指导进化时的示意图

象得到缓解，进而提高了算法整体的进化效率，使得最优解集能以更高的效率不断逼近 Pareto 最优前沿。

2. 博弈理论和贝叶斯博弈

（1）博弈论基本概念。

1）参与者。指博弈中的参与方，是博弈的主体，可表示为 $\boldsymbol{P}=\{P_1,\cdots,P_n\}$。

2）行动。是博弈中参与者的决策变量，和参与者行动顺序无关的叫静态博弈，和参与者行动顺序有关的叫动态博弈，可表示为 $\boldsymbol{A}_i=\{a_i\}$。

3）信息。指博弈参与者掌握博弈过程中自己和其他博弈人信息的情况。

4）战略。指导参与者采取行动，不同参与者在不同的环境下有不同的行动策略，战略可表示为 $\boldsymbol{S}_i=\{s_i\}$。

5）支付函数。参数者在博弈过程中得到的收益，即 $\boldsymbol{U}_i=\{u_i\}$。

6）均衡。指所有参与者最优战略的组合，即 $\boldsymbol{s}=\{s_1^*,\cdots,s_n^*\}$。

一个博弈可表示为 $\boldsymbol{G}=\{\boldsymbol{P},\boldsymbol{S},\boldsymbol{U}\}$，其中 $\boldsymbol{P}$ 为有限的参与者集合，$\boldsymbol{S}$ 为战略空间集合，$\boldsymbol{U}$ 为支付函数集合。

在静态博弈中，从参与者对支付函数是否有确定性认知的角度，通常可以分为两种博弈。如果参与者对其他参与者战略空间及支付函数有确定的认知，则属于完全信息静态博弈，否则属于不完全信息静态博弈。完全信息静态博弈即通常所说的纳什均衡，其数学描述表示如下：

$$\forall s_i \in \boldsymbol{S}_i, u_i(s_i^*,s_{-i}^*) \geqslant u_i(s_i,s_{-i}^*) \tag{6-21}$$

这里 $s_i^*=\{s_1^*,\cdots,s_n^*\}$ 为战略集合，$s_{-i}^*=\{s_1^*,\cdots,s_{i-1}^*,s_{i+1}^*,\cdots,s_n^*\}$ 为除 s_{-i}^* 以外的其他战略集合，也可以表示如下：

$$s_i^* \in \arctan\max_{s_i\in S_i} u_i(s_1^*,\cdots,s_{i-1}^*,s_{i+1}^*,\cdots,s_n^*), i=1,2,\cdots,n \tag{6-22}$$

不完全信息静态博弈又称静态贝叶斯博弈，也称贝叶斯纳什均衡。和完全信息静态博弈不同，此时参与者并不知道其他博弈者的战略选择，只知道其他参与者战略的概率分布情况，则贝叶斯纳什均衡表示如下：

$$a_i \in \boldsymbol{A}_i(\theta_i), a_i^*(\theta_i) \in \arctan\max\left\{\sum P_i(\theta_{-i}\mid\theta_i)u_i[a_i,a_{-i}^*(\theta_{-i});\theta_i,\theta_{-i}]\right\} \tag{6-23}$$

式中：θ_i 为第 i 个参与者的类型；$\boldsymbol{A}_i(\theta_i)$ 为依存战略空间；$P_i(\theta_{-i}\mid\theta_i)$ 为如果参与者此时的类型为 θ_i 时，其他参与者类型为 θ_{-i} 出现的概率；$\{\sum P_i(\theta_{-i}\mid\theta_i)\ u_i[a_i,a_{-i}^*(\theta_{-i})];\theta_i,\theta_{-i}\}$ 为参与者执行行动时的收益函数，此时贝叶斯纳什均衡也可以看成当某个参与者自身的类型是 θ_i，而其他参与者的战略为 $a_{-i}^*(\theta_{-i})$ 时，最大化自身 v_i 的一个过程。

（2）贝叶斯纳什均衡常用概念。为了能将贝叶斯纳什均衡引入进化计算，以下定义几个常用的概念：

1）适应值矩阵。b_i^t 为第 t 次迭代的个体 i，b_i^t b_i^t 在每个目标上的适应值为 $(t_{i1},\cdots,t_{in})$，假设有 m 个个体，则适应值矩阵为 $\boldsymbol{FIT}=\{b_1^t,\cdots,b_m^t\}=\begin{pmatrix}t_{11}&\cdots&t_{m1}\\\cdots&\cdots&\cdots\\t_{1n}&\cdots&t_{mn}\end{pmatrix}$。

2）收益矩阵。指博弈过程中某一方的行动对其他博弈参与者的影响，收益矩阵表示为

$$U = \begin{pmatrix} u_{11} & \cdots & u_{1n} \\ \cdots & \cdots & \cdots \\ u_{n1} & \cdots & u_{nm} \end{pmatrix}$$，其中 u_{ij} 为博弈中参与者 i 的行动给参与者 j 带来的收益。

3）损益矩阵。在收益矩阵的基础上，损益矩阵更加直观地给出了博弈参与者在博弈前后的收益情况，损益矩阵可表示为 $U = \begin{pmatrix} u'_{11} & \cdots & u'_{1n} \\ \cdots & \cdots & \cdots \\ u'_{n1} & \cdots & u'_{nm} \end{pmatrix}$，其中 $u'_{ij} = u_{ij} - \dfrac{1}{n}\sum\limits_{i=1}^{n} u_{ij}$。

4）概率矩阵。概率矩阵可表示为 $P = \begin{pmatrix} P_{11} & \cdots & P_{1n} \\ \cdots & \cdots & \cdots \\ P_{n1} & \cdots & P_{nm} \end{pmatrix}$，其中 P_{ii} 为 P_i 对自己的概率。

在博弈中，博弈参与者的行动会对其他参与者产生影响，因此在每次博弈后需要对博弈参与者采用的策略进行评估，通过评估来修正概率矩阵，用于指导下一次博弈。通过损益矩阵可以评估本次博弈，如果 $u'_{ij} > 0$，则表示本次博弈策略可行，则增加概率 P_{ij}；如果 $u'_{ij} < 0$，则表示本次博弈策略不可行，则减小概率 P_{ii}。

3. 贝叶斯博弈融入多目标进化算法的研究

由以上分析可知，引入博弈进化能够提供种群一个相互制约的张力，推动种群高效进化，但如果在种群的进化全过程中始终采用博弈，则会大幅增加计算量，为此选择合适的博弈时机和博弈方式尤为重要。本书第三章提出的 MOCDEDASS 算法，是一种多目标优化算法，该算法将种群的进化过程分为了四个阶段，而使用非劣排序和拥挤距离策略的阶段，主要在可行解较多和全为可行解时期，因此为了防止种群的进化倒退现象，应该引入博弈机制，但如何引入博弈分析则是一个较为复杂的难题。

当前博弈论结合多目标进化算法的研究还相对较少，Sefrioui 等人提出了纳什遗传算法，博弈中每一个参与者分别对不同的目标进行优化，优化的同时并不影响其他参与者的目标优化结果，达到纳什均衡的状态为所有参与者都不能再继续对各自的目标进行优化。Sim 等人在协同进化中考虑博弈思想，提出一种 ESS 策略对多目标问题进行求解。Lee 等人采用两种优化技术，一种方法是采用多层逼近 pareto 最优，第二种优化方法则是通过融合 Nash 和 Pareto 两种策略的混合方法。有学者将博弈策略融入多目标进化算法中去加速收敛并获得一个质量很好的解集，数值仿真结果展示了混合博弈策略的优势。还有学者在非合作博弈环境下提出一种基于基因表达和纳什均衡思想结合的多目标优化设计方法，在该方法中纳什均衡模式下基因表达被作为一种代理机制去构造一个近似的合理反应集，并通过一个实际例子来证明该方法的有效性，结果表明提出的方法能够获得更好的解。本书在以上方法的基础上，提出一种将贝叶斯博弈融入多目标进化算法中的方法。在进化过程中，如何利用当前种群中最好的个体是非常重要的进化手段，在第三章提出的 MOCDEDASS 中，变异策略选择了常用的一些策略，这些变异策略中的基向量主要来源于两类个体：一类为当前种群最优非劣解集中的任一个；另一类为当前种群中随机选择的个体。本节通过引入博弈分析，在父代种群中进行目标间的博弈，获得当前种群中目标的最优权值，进而获得适应度最好的个体，并通过适应度最好的个体来构造带有博弈特性的新算子，从而指导种群更加高效地逼近 Pareto 最优前沿。因此如何通过博弈分析获得适应度最好的个体成为算法的关键。

由贝叶斯博弈可知，计算的关键是贝叶斯纳什均衡，本节的主问题是一个两目标问题，因此要建立两目标间的贝叶斯纳什均衡模型，在博弈模型中首先需要考虑的是博弈参与者的策略集，本节采用两种策略为惩罚和合作，对应的策略集为 $S = \{S_1 = 0.25, S_2 = 0.75\}$。要计算贝叶斯纳什均衡必须要求收益矩阵，目标函数 1 的收益矩阵见表 6-1。

表 6-1　　　　　　　　　　　　　目标函数 1 的收益矩阵

收益矩阵		目标 1	
		惩罚策略（S_1）	合作策略（S_2）
目标2	惩罚策略（S_1）	$G_{1-1-1}(x)$	$G_{1-2-1}(x)$
	合作策略（S_2）	$G_{1-1-2}(x)$	$G_{1-2-2}(x)$

对目标 1 而言，以 $G_{1-1-1}(x)$ 的收益为例，其收益应包含两个部分：一部分为目标 1 对自身的收益，也叫绝对收益，表示为 f_1；另一部分为目标 1 对目标 2 的收益，表示为 $S_1 * f_1 - S_1 * f_2$，最终收益为 $G_{1-1-1}(x) = f_1 + (S_1 * f_1 - S_1 * f_2)$，此时 f_1、f_2 分别为种群中所有个体对目标 1 和目标 2 的贡献，考虑到不同目标间的纲量不同，因此需要对 f_1、f_2 进行归一化，归一化方法如下：

$$\begin{cases} f_1 = \sum_{i=1}^{m} \dfrac{f_1(x_i) - \min\limits_{u=1,\cdots,m}\{f_1(x_u)\}}{\max\limits_{u=1,\cdots,m}\{f_1(x_u)\} - \min\limits_{u=1,\cdots,m}\{f_1(x_u)\}} \\ f_2 = \sum_{i=1}^{m} \dfrac{f_2(x_i) - \min\limits_{u=1,\cdots,m}\{f_1(x_u)\}}{\max\limits_{u=1,\cdots,m}\{f_2(x_u)\} - \min\limits_{u=1,\cdots,m}\{f_2(x_u)\}} \end{cases} \quad (6-24)$$

式中：m 为当前种群中个体的数量。

同理，可列出目标函数 2 的收益矩阵，目标函数 2 的收益矩阵见表 6-2。

表 6-2　　　　　　　　　　　　　目标函数 2 的收益矩阵

收益矩阵		目标 1	
		惩罚策略（S_1）	合作策略（S_2）
目标2	惩罚策略（S_1）	$G_{2-1-1}(x)$	$G_{2-1-2}(x)$
	合作策略（S_2）	$G_{2-2-1}(x)$	$G_{2-2-2}(x)$

则最终可根据目标 1 和目标 2 收益矩阵写出综合收益矩阵，目标函数最终的收益矩阵见表 6-3。

表 6-3　　　　　　　　　　　　目标函数最终的收益矩阵

综合收益矩阵		目标 1	
		惩罚策略（S_1）	合作策略（S_2）
目标2	惩罚策略（S_1）	$[G_{1-1-1}(x), G_{2-1-1}(x)]$	$[G_{1-2-1}(x), G_{2-1-2}(x)]$
	合作策略（S_2）	$[G_{1-1-2}(x), G_{2-2-1}(x)]$	$[G_{1-2-2}(x), G_{2-2-2}(x)]$

根据贝叶斯纳什均衡的思想，当有了收益矩阵时，需要通过概率矩阵来求最优的贝叶斯纳什均衡解，初始时刻定义概率矩阵如下：

$$\boldsymbol{P} = \begin{Bmatrix} P_{11} & P_{12} \\ P_{21} & P_{22} \end{Bmatrix} = \begin{Bmatrix} 1 & 0.5 \\ 0.5 & 1 \end{Bmatrix} \tag{6-25}$$

此时如果 $P_{21} = \lambda$，则表示有 λ 的概率选取 S_1 策略，同时也有 $1 - \lambda$ 的概率选取 S_2 策略。此时要计算贝叶斯纳什均衡，就需要求出每个目标对每个策略的收益期望，以目标 1 为例，此时对不同策略的收益期望如下：①A：对策略 S_1 的期望；②B：对策略 S_2 的期望。

$$\begin{cases} A = \lambda G_{1-1-1}(x) + (1-\lambda)G_{1-1-2}(x) \\ B = \lambda G_{1-2-1}(x) + (1-\lambda)G_{1-2-2}(x) \end{cases} \tag{6-26}$$

最终比较 A 和 B，选择较大的值所对应的策略作为目标 1 的最优策略，同理对目标 2 计算最优策略，最终获得目标 1 和目标 2 的最优贝叶斯纳什均衡解，并求得每个目标的最优策略。通过这个最优的策略可以得到每个目标的最优权值分配情况，根据最优的权值对每个个体都进行适应度的计算，种群中个体 $f(x_i)$ 在最优策略下的适应度计算如下：

$$\begin{cases} f(x_i) = \sum_{j=1}^{n} w_j f_j(x_i) = w_1 f_1(x_i) + \cdots + w_n f_n(x_i) \\ f_j(x_i) = \dfrac{f_j(x_i) - \min\limits_{u=1,\cdots,m}\{f_j(x_u)\}}{\max\limits_{u=1,\cdots,m}\{f_j(x_u)\} - \min\limits_{u=1,\cdots,m}\{f_j(x_u)\}} \end{cases} \tag{6-27}$$

式中：n 为目标的个数；m 为种群中个体的个数。

对种群中所有个体 x_i 根据适应度进行排序，选择适应度最好的可行解个体记为 BGT_{best}。将 BGT_{best} 作为进化中变异向量的基向量，构造带有贝叶斯博弈特征的变异算子，构造的原则是将常用的 DE 变异算子中带有 x_{best} 的基向量策略用 BGT_{best} 替换，构造的结果如下：

$$\begin{cases} \mathrm{DE/BGT/1}: v_{i,g} = x_{BGT_{best},g} + F(x_{r_1,g} - x_{r_2,g}) \\ \mathrm{DE/BGT/2}: v_{i,g} = x_{BGT_{best},g} + F(x_{r_1,g} - x_{r_2,g}) + F(x_{r_3,g} - x_{r_4,g}) \\ \mathrm{DE/target-to-BGT/1}: v_{i,g} = x_{i,g} + F(x_{BGT_{best},g} - x_{i,g}) + F(x_{r_1,g} - x_{r_2,g}) \end{cases} \tag{6-28}$$

获得新的变异策略后对种群继续进行进化操作以获得子代种群，此时可以根据子代种群中的信息更新概率矩阵，最后计算损益矩阵 $\boldsymbol{U}$ 来判断本次博弈后目标的收益情况，其计算如下：

$$u'_{ij} = u_{ij} - \frac{1}{n}\sum_{i=1}^{n} u_{ij} \tag{6-29}$$

式中：u'_{ij} 为博弈后每个目标的收益与平均收益的差值。

若 $u'_{ij} > 0$，此时对应的选择概率应该增大；若 $u'_{ij} < 0$，此时对应的选择概率应该减小。为了能更好地把握增大和减小的幅度，本节根据收益增加和减小的比例来自适应地调整需增加或减小的值，通过计算调整比例系数 C，根据 C 计算下一次迭代中概率矩阵的值。调整比例系数 C 计算如下：

$$C = \frac{u'_{ji}}{u_{ji}}$$
$$\begin{cases} \lambda_{ij} = \lambda_{ij} - C\lambda_{ij}, \ u'_{ji} < 0 \\ \lambda_{ij} = \lambda_{ij} + C\lambda_{ij}, \ u'_{ji} > 0 \end{cases} \tag{6-30}$$

贝叶斯纳什均衡融入进化算法的流程如图 6-5 所示。

4. BGT - MOCDEDASS 多目标算法框架

上一节分析了博弈思想融入多目标进化算法的方法。本节在 MOCDEDASS 基础上融入贝叶斯纳什均衡指导种群进化，提出一种融入贝叶斯纳什均衡的多目标进化算法（BGT - MOCDEDASS）。BGT - MOCDEDASS 将贝叶斯纳什均衡融入多目标进化算法中，力争在进化过程中通过

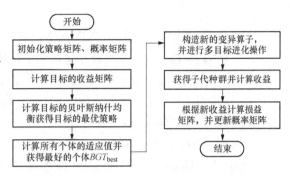

图 6-5　贝叶斯纳什均衡融入进化算法的流程

个体间相互牵制的张力来引导种群高效逼近 pareto 最优前沿。

由于贝叶斯纳什均衡指导进化时需要求解多个矩阵值，计算相对复杂，如果在整个进化过程中都采用博弈思想显然计算量过大，也没有必要。在进化前期显然需要种群快速进入可行域而不是考虑目标间的博弈问题，只有在进化后期，当解集渐渐逼近 pareto 最优前沿的情况下才会考虑采用博弈思想来指导进化。本节采用一种动态的方法来控制博弈的使用频率，其表示如下

$$rand(0.7,0.9) \leqslant \frac{g_i}{g_{\max}} \tag{6-31}$$

式中：g_i 是当前迭代次数；$g_{\max}$ 为最大迭代次数，$rand$（　）为随机函数。

虽然式（6-31）能对博弈的使用动态进行控制，但考虑到 MOCDEDASS 是基于解的可行性进行分析这一特点，如果只将博弈方法用于全为可行解的阶段，当迭代次数设置较小时，可能会出现迭代结束时仍无法进入全为可行解的情形，因此在半可行解阶段也应考虑博弈策略的使用。

（1）如果式（6-31）成立且此时种群处于半可行阶段。当种群中可行解较多时，通过博弈分析求出具有最好博弈特征的解 BGT_{best}，修改变异策略 DE/best/2 变为 DE/BGT/2。贝叶斯博弈融入进化算法的具体步骤如下：

Step1：计算当前种群 P_G 中每个个体的目标函数值，约束违反程度和可行解个数 NK。

Step2：if $rand$（0，1）$>NK/NP$ then　/∗可行解较少情况∗/

for $i=1$ to NP do　/∗对种群中的所有个体进行循环∗/

Get v_i　/∗采用 DE/rand/1，对个体 x_i 进行变异和交叉操作生成个体 v_i ∗/

if（x_i，v_i）∈可行解 then

如果 x_i，v_i 相互支配，则选择支配个体，否则随机选择一个个体。

if（x_i，v_i）∈不可行解 then〈选取约束违反小的个体〉

if（x_i，v_i）只有一个是可行解 then〈选择可行解个体〉

End for

Step3：else　/∗可行解较多的情况∗/

　　Get BGT_{best}/∗得到博弈解∗/

　　if $BGT_{best} \in S_{pareto}$/∗此时如果博弈解是 Pareto 最优解集中的解∗/

　　变异向量选择 DE/BGT/2 策略

else

变异向量选择 DE/Best/2 策略

$T_G = G_i + H_G$　/＊合并父代和子代种群，并分为 $T_{G\text{-}infeasible}$ 和 $T_{G\text{-}feasible}$ ＊/

if $T_{G\text{-}infeasible}$ then/＊对 T_G 中的不可行解集合 $T_{G\text{-}infeasible}$ 处理 ＊/

$f(x_i) = f_{nor}(x_i) + G_{nor}(x_i)$　/＊采用均衡思想转换目标函数值 ＊/

$T_G = T_{G\text{-}feasible} \bigcup T_{G\text{-}infeasible}$

$ND_k = \{ND_1, \cdots, ND_k\}$ 令 $k=1$，$G_{i+1} = \varnothing$/＊非劣排序法将解集分为 k 层非劣解 ＊/

while $N(G_{i+1}) < NP$ do　/＊将 ND_k 放入子代种群 ＊/

$G_{i+1} = G_{i+1} \bigcup ND_k$

$k = k + 1$

end while

if $N(G_{i+1}) > NP$ then

采用拥挤距离删除第 ND_{k-1} 层中 $N(G_{i+1}) - NP$ 多余个体，直到 $N(G_{i+1}) = NP$。

Step4：结束本次进化搜索，得到解集 G_{i+1}。

（2）如果式（6-31）成立且此时种群处于全可行解阶段。对具有旋转特性的问题，将原来的 DE/target-to-best/1 策略进行修正，生成新策略 DE/target-to-BGT/1，具体表示见式（6-32），对不具有旋转特性的问题则将 DE/rand/2 修正形成 DE/SBG/2 策略，具体表示见式（6-33），其他的处理和 MOCDEDASS 算法一致。

$$DE/target-to-BGT/1：V_{i,g} = x_{i,g} + F(x_{BGT_{best,g}} - x_{i,g}) + F(x_{r_1,g} - x_{r_2,g})$$

$$(6-32)$$

$$DE/BGT/2：v_{i,g} = x_{BGT_{best,g}} + F(x_{r_1,g} - x_{r_2,g}) + F(x_{r_3,g} - x_{r_4,g}) \quad (6-33)$$

由于 BGT_{best} 解的特殊性，因此在本次进化结束后，有必要检查 BGT_{best} 解是否会因为拥挤距离或者其他原因被剔除，如果 BGT_{best} 解不在下一代种群中，则需要将 BGT_{best} 和所有下一代个体进行比较，替换不能支配 BGT_{best} 的个体 x_i，保证 BGT_{best} 个体能够进入下一代种群。

（3）BGT-MOCDEDASS 整体框架如下：

参数：NP 为当前种群的个体总个数；g_{max} 为最大迭代次数；NK 为种群中可行解的个数。

Step1：初始化。

　　　　Step1.1：初始化当前种群的代数，令 $g=0$，初始化 DE 参数 F_0、CR_0，初始化概率矩阵、策略矩阵。

　　　　Step1.2：采用佳点集的方法初始化种群，获得初始种群 P_0。

Step2：计算当前种群 P_G 中每个个体的目标函数值，约束违反和可行解个数 NK。

Step3：根据 Logistic 映射，计算参数 F 和 CR。

Step4：对种群根据可行解的情况进行搜索。

if $rand(0.7, 0.9) \leqslant g_i/g_{max}$ then

calculate FIT、U、BGT_{best} /＊计算适应度矩阵，收益矩阵，BGT_{best} ＊/

if $(NK \neq 0$ and $NK < NP)$ then　　/＊既有可行解又有不可行解的情况 ＊/

　　对种群中为半可行解的情况进行处理。

if $(NK = NP)$ then /＊全为可行解的情况 ＊/

具有旋转特性采用 DE/current‐to‐SBG/变异策略，否则采用 DE/SBG/2

变异策略，种群全为可行解的情况进行处理。

update U、P / * 更新收益矩阵，概率矩阵 * /。

if $\textbf{BGT}_{\text{best}} \notin \textbf{G}_{i+1}$ then/ * 判断 BGT_{best} 是否被保存到下一代 * /

for $i=1$ to $N\,(\textbf{G}_{i+1})$ do

    如果种群中的个体 x_i 不能支配 $\textbf{BGT}_{\text{best}}$，则用 $\textbf{BGT}_{\text{best}}$ 替代 x_i。

    Break；

  end for

 end if

else

if NK＝0 then　/ * 没有可行解的情况 * /

    对种群中为不可行解的情况进行处理。

if $(NK \neq 0$ and $NK < NP)$ then/ * 既有可行解又有不可行解的情况 * /

    对种群中为半可行解的情况进行处理。

if $(NK＝NP)$ then/ * 全为可行解的情况 * /

    对种群中全为可行解的情况进行处理。

Step4：获得子代种群 $\textbf{G}_{i+1}$，$g=g+1$

Step5：if $g \geqslant g_{\max}$ then / * 达到收敛条件 * / ｛结束本次计算｝

      else 转入 Step2。

二、BGT‐MOCDEDASS 求解主问题研究

1. 种群个体初始化方法

种群中每个个体都需要进行初始化，初始化的对象主要是发电机机组状态和发电机有功输出值，因此对种群而言就是要初始化发电机（火力发电机）状态矩阵 U 和发电机有功输出矩阵 P，矩阵表示如下：

$$P_g = \begin{bmatrix} p_1^1 & p_2^1 & \cdots & p_{N_g}^1 \\ p_1^2 & p_2^2 & \cdots & p_{N_g}^2 \\ \vdots & \vdots & \ddots & \vdots \\ p_1^T & p_2^T & \cdots & p_{N_g}^T \end{bmatrix} \quad U_g = \begin{bmatrix} u_1^1 & u_2^1 & \cdots & u_{N_g}^1 \\ u_1^2 & u_2^2 & \cdots & u_{N_g}^2 \\ \vdots & \vdots & \ddots & \vdots \\ u_1^T & u_2^T & \cdots & u_{N_g}^T \end{bmatrix} \quad (6‐34)$$

式中：N_g 为火电机组的数量。

对矩阵 P_g 来说，每台机组在 T 时刻的初始值可以采用第二章式（2‐25）进行初始化。而对于矩阵 U_g 中的每台机组在时间段 T 内的机组初始状态 u_i^i 则可通过在 0 和 1 之间随机选择。

2. 初始解预处理策略

在生成初始解之后，由于矩阵 U 的随机性，初始解可能不一定满足一些基本约束，为了能在后续进化中使解集快速进入可行域，减少优化过程的迭代次数，有必要对初始解进行预处理，在初始解中产生部分解作为引导解，用于在后续进化中引导不可行解加快进入可行域。此外，考虑到模型是一个双目标优化问题，因此在生成初始引导解时，为了能兼顾对不同目标的影响，本节考虑在初始解中随机选择三个解进行预处理，并将预处理后的解作为初始种群的引导解，在预处理过程中采用优先顺序法（PL）中的不同的 λ_i 来体现对不同目标

的兼顾。除引导解外，其他的初始解都采用随机生成，保持种群的多样性。

（1）优先顺序法（PL）中 λ_i 的选择。为了加速算法的收敛，本节采用 PL 对种群初始化后的解进行预处理。若只以发电成本为目标，则所有机组只需以最大输出的平均发电成本进行排序即可，但由于是多目标优化，为了兼顾排放目标，采用分别对每台机组计算出最大输出的平均发电成本及最大输出的排放量，通过标准化后进行平均加权得到 $\lambda_{i,ep}$，第 i 个机组的优先系数 $\lambda_{i,ep}$ 表示见式（6-35），将通过 PL 获得的机组集合（**SPL**）分为开机机组集合（**ONSPL**）和停机机组集合（**OFFSPL**）。

$$\begin{cases} \lambda_{i,p} = \dfrac{f_i(p_i^{\max})}{p_i^{\max}} = \dfrac{a_i}{p_i^{\max}} + b_i + c_i p_i^{\max} + \dfrac{\mid e_i \times \sin[h_i(p_i^{\min} - p_i^{\max})] \mid}{p_i^{\max}} \\ \lambda_{i,g} = \dfrac{E_i(p_i^{\max})}{p_i^{\max}} = \dfrac{[a_1 + \beta_i p_i^{\max} + \gamma_i(p_i^{\max})^2] + \xi_i e^{\lambda_i p_i^{\max}}}{p_i^{\max}} \\ \lambda_{1,ep} = 0.5\lambda_{i,p} + 0.5\lambda_{i,e} \end{cases} \quad (6-35)$$

（2）功率平衡的预处理。对所有在 t 时段内的系统平衡约束采用式（6-36）进行检验，p_{spn}^t 为此时的系统备用容量，如果 $\Delta p^t < 0$，对 **OFFSPL** 集合进行升序排列，选择 λ_i 最小的机组进行开机操作，直到 $\Delta p^t > 0$。

$$\Delta p^t = \sum_{i=1}^{N_g} u_i^t P_{i,g}^{\max} + \sum_{i=1}^{N_w} p_{i,w} + \sum_{i=1}^{N_{pv}} p_{i,pv} - P_{Load}^t - P_{Loss}^t - P_{Spn}^t \quad (6-36)$$

（3）开停机时间的预处理。为了使初始解满足机组的最小开停机约束，需要准确地计算出每个机组的开停机时间，由于初始情况下机组启停的设置是随机产生，很可能不满足机组启停的一些基本约束，因此需要做如下的调整，具体调整步骤如下：

1）步骤 1：计算所有机组在调度期间内 t 时间段的启停情况，即第 i 台机组在第 t 时刻的连续开机时间 $T_{i,on}^t$ 和停机时间 $T_{i,off}^t$，计算如下：

$$T_{i,on}^t = \begin{cases} T_{i,on}^{t-1} + 1 &, \quad u_i^t = 1 \\ 0 &, \quad u_i^t = 0 \end{cases} \qquad T_{i,off}^t = \begin{cases} T_{i,off}^{t-1} + 1 &, \quad u_i^t = 0 \\ 0 &, \quad u_i^t = 1 \end{cases} \quad (6-37)$$

2）步骤 2：设置 $t=1$（从第一个时间段开始），$i=1$（从第一个机组开始）。

a. 如果 $u_i^t = 0$，$u_i^{t-1} = 1$，$T_{i,on}^{t-1} < T_{i,on}^{up}$，设置 $u_i^t = 1$。

b. 如果 $u_i^t = 0$，$u_i^{t-1} = 1$，$t + T_{i,down}^{off} - 1 \leqslant T$，$T_{i,off}^{t+T_{i,down}-1} < T_{i,down}^{off}$，设置 $u_i^t = 1$。

c. 如果 $u_i^t = 0$，$u_i^{t-1} = 1$，$t + T_{i,down}^{off} - 1 > T$，$\sum_{y=t}^{T} u_i^t > 0$，$y$ 是任意的整数，设置 $u_i^t = 1$。

3）步骤 3：根据式（6-37）更新连续开机时间 $T_{i,off}^t$ 和停机时间 $T_{i,off}^t$。

（4）消除机组过剩容量的策略。以上对初始解的处理满足了部分约束，但以上操作也会造成机组容量过剩，机组过剩的容量会降低初始解的质量，增加优化迭代次数，因此可以通过以下方法来进一步优化初始解。将 **ONSPL** 集合按 λ_i 进行降序排列，集合中第一个机组定义为 **ONSPL**$_1$，计算 t 时段内机组的过剩容量 Δp^t，计算如下：

$$\Delta p^t = \sum_{i=1}^{N_g} u_i^t p_{i,g}^{t,\max} + \sum_{i=1}^{N_w} p_{i,w}^t + \sum_{i=1}^{N_w} p_{i,pv}^t - P_{Load}^t - P_{Loss}^t - P_{Spn}^t \quad (6-38)$$

如果 $\Delta p^t < p_{ONSPL_1}^{\max}$ 则从 **ONSPL** 集合中删除 **ONSPL**$_1$；如果 $\Delta p^t \geqslant p_{ONSPL_1}^{\max}$ 且 **ONSPL**$_1$ 停机会违反最小开停机约束，则从 **ONSPL** 集合中删除 **ONSPL**$_1$；如果 $\Delta p^t \geqslant p_{ONSPL_1}^{\max}$ 且 **ONSPL**$_1$

机组停机不会违反最小开停机约束，则对 $ONSPL_1$ 机组进行停机操作，同时从 $ONSPL$ 集合中删除 $ONSPL_1$ 机组。

（5）矩阵 PU_g 的预调整策略。尽管 P_g 初始化的值经过有功约束的修正，但是由于矩阵 U_g 的关系，经过合并后的矩阵 PU_g 代表了初始个体的真实情况，此时需要再次判断矩阵 PU_g 中的个体是否满足系统有功平衡约束，判断如下：

$$PU_g \rightarrow \begin{bmatrix} u_1^1 p_1^1 & u_2^1 p_2^1 & \cdots & u_{N_g}^1 p_{N_g}^1 \\ u_1^2 p_1^2 & u_2^2 p_2^2 & \cdots & u_{N_g}^2 p_{N_g}^2 \\ \vdots & \vdots & \ddots & \vdots \\ u_1^T p_1^T & u_2^T p_2^T & \cdots & u_{N_g}^T p_{N_g}^T \end{bmatrix} \quad (6-39)$$

$$\Delta p^t = \sum_{i=1}^{N_g} u_i^t p_i^t + \sum_{i=1}^{N_w} p_{i,w}^t + \sum_{i=1}^{N_{pv}} p_{i,pv}^t - p_{Lood}^t - p_{Loss}^t \quad (6-40)$$

对 $\Delta p^t \neq 0$ 时的 Δp^t 分析如下：

1）如果 $\Delta p^t > 0$，则根据 $ONSPL$ 集合进行调整，对 $ONSPL$ 集合根据 λ_i 进行升序排列，按顺序选择集合中第 i 个机组，计算可调容量 $\Delta p_{ONSPL_i}^t$，具体计算见式（6-41）。此时若 $\Delta p_{ONSPL_i}^t < \Delta p^t$ 则为还需新的机组参与调整，继续对下一个机组进行调整，并令 $p_{i,g}^t = p_{i,g,max}^t$；若 $\Delta p_{ONSPL_i}^t > \Delta p^t$ 则为当前机组的调整可以使得 $\Delta p^t = 0$，则将当前机组 i 的出力调整为 $p_{i,g}^t = p_{i,g}^t + \Delta p^t$。

$$\Delta p_{ONSPL_i}^t = p_{i,g,max}^t - p_{i,g}^t \quad (6-41)$$

2）如果 $\Delta p^t < 0$，则根据 $ONSPL$ 集合进行调整，对 $ONSPL$ 集合根据 λ_i 进行升序排列，按顺序选择集合中第 i 个机组，计算可调容量 $\Delta p_{ONSPL_i}^t$，具体计算见式（6-42）。此时若 $\Delta p_{ONSPL_i}^t < |\Delta p^t|$ 则表示还需新的机组参与调整，继续对下一个机组进行调整同时令 $p_{i,g}^t = p_{i,g,min}^t$；若 $\Delta p_{ONSPL_i}^t > |\Delta p^2|$，则表示当前机组的调整可以使得 $\Delta p^t = 0$，则将当前机组 i 的出力调整到 $p_{i,g}^t = p_{i,g}^t - |\Delta p^t|$。

$$\Delta p_{ONSPL_i}^t = p_{i,g}^t - p_{i,g,min}^t \quad (6-42)$$

（6）机组爬坡约束预处理。第 i 个机组的爬坡率不仅和旋转备用有关，而且和相邻时段内的出力变化有关，因此矩阵 U_g 中应该对一些不满足爬坡约束的机组进行调整。具体步骤如下：

1）计算所有机组相邻时段的出力变化，具体表示如下：

$$\Delta p_i^t = \sum_{i=1}^{N_g} u_i^t p_i^t - u_i^t p_i^{t-1} \quad (6-43)$$

2）如果 $-RD_i \cdot \Delta t \leq \Delta p_i^t \leq RU_i \cdot \Delta t$，则表示机组 i 满足爬坡约束，判断下一个机组。

3）如果 $\Delta p_i^t \leq -RD_i \cdot \Delta t$，则首先计算 $\Delta DP_i^t = -RD_i \cdot \Delta t - \Delta p_i^t$，然后设置 p_i^t，使 $p_i^t = p_i^{t-1} - RD_i \cdot \Delta t$。再根据 $ONSPL$ 集合对 ΔDP_i^t 进行调整，调整过程中被调整机组应满足机组爬坡约束和机组出力上、下限约束。

4）如果 $\Delta p_i^t \geq RU_i \cdot \Delta t$，则首先计算 $\Delta UP_i^t = \Delta p_i^t - RU_i \cdot \Delta t$，然后设置 p_i^t，使 $p_i^t = p_i^{t-1} + RU_i \cdot \Delta t$。根据 $ONSPL$ 集合对 ΔUP_i^t 进行调整，调整过程满足机组爬坡约束和机组出力上、下限约束。

3. 约束处理方法

（1）约束处理方法和等式约束违反量预处理策略。对于主问题等式和不等式约束的处理仍采用第二章提出的基于多目标的约束处理策略进行处理，当主问题的等式约束出现约束违反时，为了能在进化过程中提高求解效率，针对提出算法的特点，考虑在进化的不同时期采用不同的约束违反预处理策略对主问题的等式约束违反量进行处理。当进化处于可行解较少

```
for i=1 to N
    for t = 1 to Tmax
        if uᵢᵗ =1
            if uᵢᵗ⁻¹ =0
                if xᵢᵗ·ᵒᶠᶠ < Tᵢᵒᶠᶠ then uᵢᵗ=0
            end if
        else if uᵢᵗ =0
            if uᵢᵗ⁻¹ =1
                if xᵗ·ᵒⁿᵢ, < Tᵢᵒⁿ then uᵢᵗ=1
            end if
        end if
    end for
end for
```

图 6-6　机组的启停约束处理方法

4. 离散变量的进化算子的选择

阶段时，采用本书第二章提出的机组按调节能力分配的方法处理等式约束违反量，目的是快速处理等式约束违反量，使不可行解加速进入可行域，减少进化过程中处理等式约束违反量的迭代次数。如果此时进化处于可行解较多的时期，此时以寻找 Pareto 最优解为主要目标，此时可采用 PL 中的 $\lambda_{i,ep}$ 优先顺序来处理等式约束违反量，采用 $\lambda_{i,ep}$ 策略后可以使得不可行解在进入可行域的同时和各目标函数的优化方向保持一致，相比第二章的预处理方法能使不可行解在靠近可行域的同时更加逼近 pareto 最优前沿。

（2）机组的启停约束处理方法。机组的启停约束是一个离散变量约束，机组的启停约束处理方法如图 6-6 所示。

本书第三章给出的 MOCDEDASS 中交叉和变异算子主要针对实数变量，而对离散变量的求解是通过离散变量连续化的方法进行处理，但这样不太适合于处理机组组合问题中的 U_g 矩阵。因此根据模型的特点，本节引入更适合处理离散变量的进化算子来处理 U_g 矩阵，而 P_g 矩阵则仍然采用 MOCDEDASS 中的方法处理。

Window Crossover（WC）算子最早来源于 Ting 等人的思想，Anupam 等人对 WC 算子进行了简单的改进，本节将 WC 算子用于 U_g 矩阵进行交叉操作，交叉的步骤如下：①随机在种群中选择两个父代个体；随机选择框型区域的尺度大小。根据获得尺度的大小对两个父代个体进行交叉操作，生成两个新的子代个体。WC 算子执行过程如图 6-7 所示，图中给出了简单的交叉过程，个体的区间为 7×7，交叉选择的框型大小为 5×2。

对矩阵 U_g 的变异操作采用 Swap Window（SW）变异和 Window 变异两种变异方法。SW 变异步骤如下：①随机选择两个机组 a、b；②分别对 a、b 机组在 [1，T] 内随机选择一个时间长度为 w 的框型；③分别对 a、b 机组在 [1，$T-w$] 的范围内随机确定框型的位置；④对 a、b 机组中框型内包含的每一位值进行交换。SW 变异过程如图 6-8 所示，图中展示了 SW 变异前后个体情况。

Window 变异步骤如下：①随机选择一个机组 a；②在 [1，T] 内随机选择一个时间长度为 w 的框型；③在 [1，$T-w$] 的范围内随

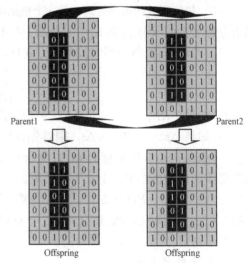

图 6-7　WC 算子执行过程

机确定框型的位置；④对长度为 w 的框型中的每一位进行等概率的变异（将 0 变为 1，或者 1 变为 0），Window 变异过程如图 6-9 所示，图中展示了 Window 变异前后的个体情况。

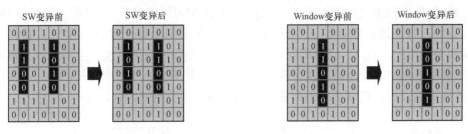

图 6-8　SW 变异过程　　　　　　　　　　图 6-9　Window 变异过程

三、基于 BGT-MOCDEDASS 的模型整体求解框架

基于 BGT-MOCDEDASS 的模型整体求解流程如图 6-10 所示。

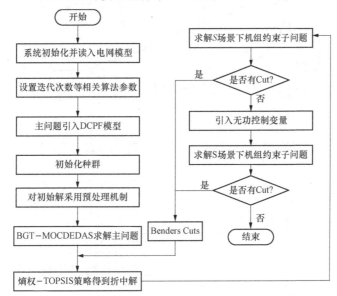

图 6-10　基于 BGT-MOCDEDASS 的模型整体求解流程

第五节　仿真测试与分析

本节算例采用改进的 IEEE 39 节点系统，系统包含 10 台火电机组、46 条支路、19 个负荷点。旋转备用容量取系统负荷的 10%，10 机系统发电机燃煤和排放系数、10 机系统发电机参数分别见表 A1 和表 A2，24h 系统负荷数据见表 A3，IEEE39 节点系统图见图 A1。

一、风电未接入情况分析

首先研究模型中不带风电场的情况，主要研究多目标算法的优势、机组组合和排放情况。种群规模 100，迭代次数为 600，其他算法参数和 MOCDEDASS 一致，分别对算法独立运行 30 次，分析其鲁棒性。

（1）单目标迭代收敛性和执行情况比较。比较带博弈算子的 BGT-MOCDEDASS、

MOCDEDASS 和经典 NSGA - Ⅱ 算法,在 30 次独立运行中,搜索不同算法每一次迭代的最优运行发电成本和最小排放量,并比较 30 次独立运行中不同目标每次迭代的最优解。不同算法的最优目标值的迭代过程如图 6 - 11 所示,从图中可以明显看出 MOCDEDASS 和 BGT - MOCDEDASS 的收敛速度要快于 NSGA - Ⅱ,且收敛结果好于经典 NSGA - Ⅱ 算法;与 MOCDEDASS 相比,BGT - MOCDEDASS 在迭代前期收敛速度更快,主要是因为预处理策略使得算法在进化初期阶段的收敛速度加快,而在迭代后期由于博弈算子的加入,使得进化能够持续地提供逼近最优真实 pareto 前沿,进一步得到了更好的解。

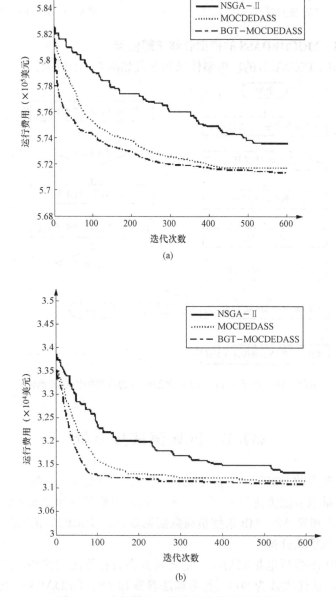

图 6 - 11　不同算法的最优目标值的迭代过程
(a) 发电成本目标最优解迭代过程;(b) 排放目标最优解迭代过程

不同算法费用和排放结果比较见表 6-4，表中展示了不同算法经过 30 次独立运行后获得的不同目标的最好解、平均解和最差解的情况，从表中可以看出，BGT-MOCDEDASS 相比其他算法在不同目标上都获得了最好的结果。10 机情况下费用最小和排放最小时的机组出力、费用和排放细节情况分别见表 6-5 和表 6-6，表中给出了 BGT-MOCDEDASS 算法在不同目标之间最好解所对应的各个机组出力以及启停情况的细节。

表 6-4　　　　　　　　　　　　不同算法费用和排放结果比较

算法	总的运行费用（美元）			总排放量（kg）		
	最好	平均	最差	最好	平均	最差
NSGA-Ⅱ	573574	574782	577529	31349	31957	32715
MOCDEDASS	571698	572123	572860	31176	31724	32291
BGT-MOCDEDASS	571362	571687	572147	31099	31658	32047

表 6-5　　　　　10 机情况下费用最小时的机组出力、费用和排放细节情况

时间（h）	发电机组										燃煤费用（美元）—	排放量（kg）—	启停费用（美元）—
	1	2	3	4	5	6	7	8	9	10			
1	455	245	0	0	0	0	0	0	0	0	13816.74	1031.52	0
2	455	295	0	0	0	0	0	0	0	0	14554.41	1134.61	0
3	455	370	0	0	25	0	0	0	0	0	16990.27	1365.56	900
4	455	455	0	0	40	0	0	0	0	0	18814.35	1699.11	0
5	455	390	0	130	25	0	0	0	0	0	20346.29	1517.74	560
6	455	360	130	130	25	0	0	0	0	0	22719.41	1505.33	1100
7	455	410	130	130	25	0	0	0	0	0	23613.05	1675.37	0
8	455	455	130	130	30	0	0	0	0	0	24520.29	1863.95	0
9	455	455	130	130	85	20	25	0	0	0	27636.28	2193.16	860
10	455	455	130	130	162	33	25	10	0	0	30468.21	2602.48	60
11	455	455	130	130	162	73	25	10	10	0	32319.60	2949.03	60
12	455	455	130	130	162	80	25	43	10	10	34311.47	3054.28	60
13	455	455	130	130	162	33	25	10	0	0	30468.21	2602.48	0
14	455	455	130	130	85	20	25	0	0	0	27636.28	2193.16	0
15	455	455	130	130	30	0	0	0	0	0	24520.29	1863.95	0
16	455	310	130	130	25	0	0	0	0	0	21827.46	1366.83	0
17	455	260	130	130	25	0	0	0	0	0	20937.23	1255.91	0
18	455	360	130	130	25	0	0	0	0	0	22719.41	1505.33	0
19	455	455	130	130	30	0	0	0	0	0	24520.29	1863.95	0
20	455	455	130	130	162	33	25	10	0	0	30468.21	2602.48	490
21	455	455	130	130	85	20	25	0	0	0	27636.28	2193.16	0
22	455	455	0	0	145	20	25	0	0	0	22983.42	2100.44	0
23	455	425	0	0	0	20	0	0	0	0	17845.49	1559.77	0
24	455	345	0	0	0	0	0	0	0	0	15598.76	1264.65	0

表 6 - 6　　　　　　　10 机情况下排放最小时的机组出力、费用和排放细节情况

时间(h)	发电机组										燃煤费用(美元)	排放量(kg)	启停费用(美元)
	1	2	3	4	5	6	7	8	9	10	—	—	—
1	216	216	0	130	138	0	0	0	0	0	15557.41	527.49	0
2	207	207	0	130	126	80	0	0	0	0	17201.46	551.09	170
3	217	217	69	130	137	80	0	0	0	0	19640.37	632.23	550
4	245	245	88	130	162	80	0	0	0	0	21460.85	775.79	0
5	264	264	100	130	162	80	0	0	0	0	22322.81	857.01	0
6	301	301	126	130	162	80	0	0	0	0	24050.59	1045.23	0
7	324	324	130	130	162	80	0	0	0	0	24916.05	1165.74	0
8	349	349	130	130	162	80	0	0	0	0	25782.39	1304.91	0
9	363	363	130	130	162	80	72	0	0	0	28771.23	1680.25	520
10	384	384	130	130	162	80	75	55	0	0	31705.48	2081.79	60
11	382	382	130	130	162	80	74	55	55	0	33781.74	2338.92	60
12	379	379	130	130	162	80	75	55	55	55	35937.31	2605.47	60
13	384	384	130	130	162	80	75	55	0	0	31705.48	2081.79	0
14	363	363	130	130	162	80	72	0	0	0	28771.23	1680.25	0
15	349	349	130	130	162	80	0	0	0	0	25782.39	1304.91	0
16	282	282	114	130	162	80	0	0	0	0	23185.20	945.20	0
17	264	264	100	130	162	80	0	0	0	0	22322.81	857.01	0
18	301	301	126	130	162	80	0	0	0	0	24050.59	1045.23	0
19	349	349	130	130	162	80	0	0	0	0	25782.39	1304.91	0
20	384	384	130	130	162	80	75	55	0	0	31705.48	2081.79	320
21	363	363	130	130	162	80	72	0	0	0	28771.23	1680.25	0
22	277	277	110	130	162	80	64	0	0	0	25220.82	1190.94	0
23	256	256	96	130	162	0	0	0	0	0	19770.85	754.87	0
24	225	225	74	130	146	0	0	0	0	0	17984.91	605.71	0

（2）多目标优化执行结果比较。30 次独立运行后最好的 Pareto 最优前沿比较如图 6 - 12，图中展示了 10 机系统在不同算法下运行 30 次之后的最优 Pareto 前沿结果。从图 6 - 12 可以看出，BGT - MOCDEDASS 相比其他算法有费用更小和排放更低的解，同时根据第三章得到的最优折中解（582225，35039），则能够支配另外两种算法的最优折中解，这也间接反映了博弈思想的引入使得算法性能得到了提高。

为了更好地比较每种算法的执行效率，本节采用反转世代距离（IGD）作为算法性能的度量。IGD 是一个兼顾解集收敛性和分布性的综合评价指标，被广泛地用于多目标优化算法的性能评价，具体计算如下：

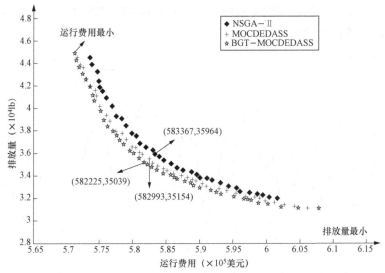

图 6-12　30 次独立运行后最好的 Pareto 最优前沿比较

$$
\begin{cases}
IGD(\boldsymbol{A},\boldsymbol{Z}) = \dfrac{1}{|\boldsymbol{Z}|} \displaystyle\sum_{i=1}^{|\boldsymbol{Z}|} \min_{j=1}^{|\boldsymbol{A}|} d(z_i, a_j) \\
d(z_i, a_j) = \| z_i - a_j \|_2
\end{cases}
\tag{6-44}
$$

式中：$\boldsymbol{Z}$ 为模型解集的最优真实 pareto 前沿；$\boldsymbol{A}$ 为需要评价的解集；$d(z_i, a_j)$ 为 $\boldsymbol{Z}$ 集合中第 i 个元素和 $\boldsymbol{A}$ 集合中所有元素之间的最小距离。

使用 IGD 作为度量指标时，需注意以下两点：① $IGD(\boldsymbol{A}，\boldsymbol{Z})$ 越小，解集的性能越好；②式（6-44）中的 $\boldsymbol{Z}$ 一般是问题的真实最优 pareto 前沿，但本节模型的最优 pareto 前沿并不知道，因此考虑采用 Shim 等人提出的方法，通过选定一个参考最优前沿来近似代替真实最优前沿，而这个参考最优前沿是由不同方法经过多次实验后得到的所有非支配解构成的集合。

10 机系统不同算法 IGD 结果比较如图 6-13 所示，图中展示了不同算法经过 30 次计算后获得的 IGD 采用盒状图表示的情况，盒状图能够更好地提供解分布情况的可视化效果。比较不同算法的 IGD 结果可以发现，BGT - MOCDEDASS 和 MOCDEDASS 的 IGD 测度明显好于 NSGA - Ⅱ，而 BGT - MOCDEDASS 的 IGD 测度则略好于 MOC-DEDASS，这也说明博弈算子的引入对 MOCDEDASS 产生了积极的影响，使得最优前沿更加逼近真实最优前沿，这和图 6-12 的结果相符。

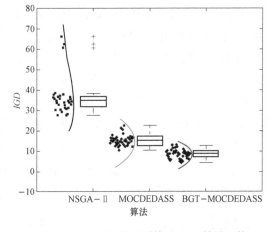

图 6-13　10 机系统不同算法 IGD 结果比较

10 机系统 30 次运行 BGT - MOCDE-DASS 获得的最优折中解分布如图 6-14 所示，图中展示了 BGT - MOCDEDASS 独立运行 30 次之后，每次运行获得的最优折中解的分布情况。从图 6-14 可以发现，30 次独立运行后不同目标中的所有独立解之间的差别较小，且不同目标间解的波动范围都不超过 1％，因此可以认为算法的鲁棒性较强。

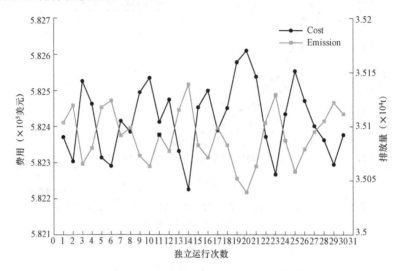

图 6-14　10 机系统 30 次运行 BGT-MOCDEDASS 获得的最优折中解分布

（3）考虑交流约束下加入无功补偿控制变量的优化结果分析。为了验证本章第三节所提方法的有效性，本节采用改进的 IEEE 39 节点作为交流网络求解环境。为了适应网络的参数，各时段内负荷数据、发电机限值和爬坡限值均扩大 3 倍，网络中各负荷在基准负荷情况下按比例进行修正，10 机系统预估补偿容量见表 A4，各母线电压上下限为 [0.95，1.065]。

不同策略获得的越限时段计算结果对比情况见表 6-7，表中比较了三种不同策略下的最优折中解的计算结果，ARPCV 表示采用第五章第三节提出的在子问题优化中增加无功控制变量（ARPCV）的求解策略，NARPCV 表示不采用 ARPCV，ARPCV＋GOLI 表示在子问题优化中不但增加无功控制变量的求解策略同时考虑发电机运行极限不等式（GOLI）。从迭代次数来看，采用 NARPCV 策略需要经过 4 次迭代计算才能完全消除电压越限的 Cut，而采用 ARPCV 策略和 ARPCV＋GOLI 策略时，则只需要经过 2 次迭代便可以使得 Cut 等于 0，保证所有越限被消除。从表 6-7 的运行费用和排放结果来看，有以下支配关系：

$$R_{\mathrm{ARPCV+GOLI}} < R_{\mathrm{ARPCV}} < R_{\mathrm{NARPCV}} \tag{6-45}$$

从表 6-7 可以看出，采用 ARPCV＋GOLI 策略获得的解能够支配采用 ARPCV 策略获得的解，而采用 ARPCV 策略获得的解又能支配采用 NARPCV 策略获得的解，显然 ARPCV＋GOLI 策略获得了最好的优化效果。

表 6-7　　　　　　　　　　不同策略获得的越限时段计算结果对比情况

采用策略	迭代次数	总费用（美元）	总排放量（kg）
NARPCV	4	1638047.13	251388.17
ARPCV	2	1631275.54	249823.32
ARPCV＋GOLI	2	1631022.67	249704.93

不同策略获得的越限时段计算结果对比情况见表 6-8，表中给出了越限时段内子问题采

用不同策略后获得的电压调节效果，从表中可以看出，在 24h 内共有 5 个时段出现了交流网络电压越限的情况，分别为时段 1、3、8、20 和 23。从计算结果来看，当采用 ARPCV 策略时，相比没有采用 ARPCV 策略而言，不同断面内的电压越限情况有明显改善，其中有 16 个节点的电压被校正，而没有被校正的节点电压则更加接近限值。采用 ARPCV＋GOLI 策略时，电压越限点继续减少，这是因为 GOLI 的加入使发电机的无功输出和机端电压之间产生了联系，当有功出力在限制范围内时，无功约束的范围在一定程度上会被扩大，这使得机组具有了相比固定无功上下限时更大的无功和电压的调节能力，部分节点的电压被进一步校正并回到电压合格范围之内。

　　通过对表 6-8 的分析也进一步解释了表 6-7 中不同策略得到最优折中解之间的支配关系，当采用 NARPCV 策略时，网络中的电压越限需通过机组的启停和机组出力的重新分配来消除，此时主问题将通过复杂的机组启停策略和出力的调整来消除越限，这会增加主子问题之间的迭代次数，且为了消除越限会使费用和排放较大的机组参与运行或变化出力，这也使得系统的费用和排放量都会相对较高。而采用 ARPCV 策略时，Cut 的消除首先采用通过无功控制变量的调节来最大限度地消除网络中的电压越限情况，相比 NARPCV 策略，时段内的整体电压情况有了较大的改善，Cut 值相对变小，此时主问题只要经过两次迭代即可消除所有越限情况。电压的改善使得优化中机组的启停和出力调整都相对简单，系统的费用和排放也相应降低，因此采用 ARPCV 策略获得的解要优于 NARPCV 策略获得的解。当在 ARPCV 策略中加入发电机运行极限不等式（即采用 ARPCV＋GOLI 策略）进行优化时，此时从表 6-8 可以发现，由于机组无功限制的扩大电压调整能力进一步增强，此时时段 20 内的节点 20 和时段 8 内的节点 4 不需要进行迭代便消除了电压越限情况，这使得迭代过程中避免了通过启停和调整费用昂贵机组来消除越限，进一步节省了费用和排放，因此 ARPCV＋GOLI 策略获得的解要略好于 ARPCV 策略获得的解。

表 6-8　　　　　　　　不同策略获得的越限时段计算结果对比情况

时段	越限点	越限电压	NARPCV	ARPCV	ARPCV＋GOLI
1	14	1.0658	1.0658	1.0650	1.0650
	15	1.0668	1.0668	1.0650	1.0650
	17	1.0661	1.0661	1.0649	1.0648
	23	1.0679	1.0679	1.0654	1.0653
	24	1.0654	1.0654	1.0650	1.0650
3	2	1.0655	1.0655	1.0650	1.0650
	16	1.0681	1.0681	1.0657	1.0655
	18	1.0651	1.0651	1.0649	1.0648
	21	1.0744	1.0744	1.0674	1.0672
	29	1.0656	1.0656	1.0650	1.0650
8	4	0.9409	0.9409	0.9493	0.9500
	7	0.9426	0.9426	0.9500	0.9500
	8	0.9441	0.9441	0.9501	0.9502

续表

时段	越限点	越限电压	NARPCV	ARPCV	ARPCV+GOLI
20	7	0.9446	0.9446	0.9501	0.9502
	8	0.9453	0.9453	0.9501	0.9502
	20	0.9413	0.9413	0.9497	0.9501
23	2	1.0665	1.0665	1.0650	1.0650
	16	1.0652	1.0652	1.0649	1.0649
	17	1.0659	1.0659	1.0650	1.0650
	19	1.0685	1.0685	1.0650	1.0650
	24	1.0672	1.0672	1.0653	1.0652
	29	1.0663	1.0663	1.0650	1.0650

二、风电接入情况分析

上面讨论了没有风电接入情况下多目标算法的性能，并分析了考虑交流网络约束下不同策略的计算结果。本节进一步分析在模型中考虑加入风电的情况，由于风电的随机性和不确定性，使得问题的求解更加复杂。为了更好地分析不同情况下接入风电对计算结果的影响，以下分为两种情况进行讨论。

（1）第一种情况：接入风电但不考虑交流网络约束和预测功率偏差情况。此时对接入系统的风电场由 17 个额定容量为 1.5MW 的风机组成，风电场总额定功率为 25.5WM。风速采用 Weibull 模型，假设此时风电场属于系统所有，无系统建设费用，则有 $d_j = 0$，且风速在时段内是恒定的，Hetzer 等人指出通常 $k_{p,w,j}$ 和 $k_{r,w,j}$ 比较合理的取值范围为 $[0，10]$。风机部分参数见表 A5。

10 机系统风电接入前后获得的 Pareto 前沿对比结果如图 6 - 15 所示，图中分析了考虑

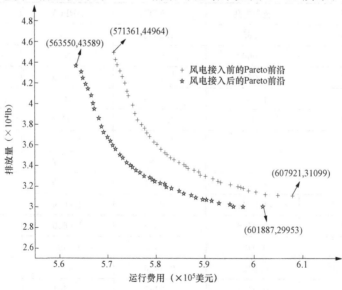

图 6 - 15   10 机系统风电接入前后获得的 Pareto 前沿对比结果

风电不平衡代价情况下风电接入前后对系统费用和排放的影响，从图中可以明显看出，接入风电后系统运行费用和排放相比风电接入前都有所降低。考虑接入风电情况下 10 机系统费用最小情况、排放最小情况的细节分别见表 6-9 和表 6-10，从表中可以发现，由于风电机组在大部分时段内几乎达到了最大出力，因此低谷不平衡代价的费用几乎为 0，同时各时段内风电场产生的运行成本也远低于火电机组产生的费用成本。在没有接入风电情况下，此时系统获得的多目标解集中最小费用和排放分别为 571361 美元和 31099kg，而接入风电后系统获得的多目标解集中的最小费用和排放分别降到 563550 美元和 29941kg，降幅分别达到 1.36% 和 3.7%。

表 6-9　　　　　　　考虑接入风电情况下 10 机系统费用最小情况的细节

时间 (h)	发电机组										风电 (MW)	系统费用 (美元)	排放量 (kg)
	1	2	3	4	5	6	7	8	9	10			
1	455	219.5	0	0	0	0	0	0	0	0	25.5	13504.79	988.66
2	455	269.5	0	0	0	0	0	0	0	0	25.5	14393.19	1078.89
3	455	344.5	0	0	25.0	0	0	0	0	0	25.5	17575.12	1288.11
4	455	444.5	0	0	25.0	0	0	0	0	0	25.5	18462.81	1643.51
5	455	364.7	0	129.8	25.0	0	0	0	0	0	25.5	20584.25	1434.17
6	455	334.4	129.9	129.9	25.2	0	0	0	0	0	25.5	23527.04	1430.63
7	455	385.9	128.9	129.7	25.0	0	0	0	0	0	25.5	23302.69	1587.32
8	455	435.8	129.1	129.5	25.2	0	0	0	0	0	25.5	24199.54	1775.91
9	455	452.2	129.9	128.1	63.8	20.4	25.2	0	0	0	25.4	28154.05	2157.62
10	455	454.5	129.6	126.4	148	20.3	29.8	11.2	0	0	25.2	30210.67	2555.27
11	455	454.5	129.1	129.3	160	50.2	25.9	10.4	10.5	0	24.8	31989.22	2917.93
12	455	454.4	129.4	129.4	159	78.0	26.1	18.3	15.4	10.7	24.4	33942.46	3052.96
13	455	454.2	128.0	129.2	151	21.3	25.8	10.4	0	0	24.6	30104.88	2568.17
14	455	454.3	130.0	127.6	60.6	21.9	25.2	0	0	0	25.5	27297.70	2164.62
15	455	436.4	128.6	129.5	25.0	0	0	0	0	0	25.5	24199.69	1777.73
16	455	287.2	129.9	127.5	25.0	0	0	0	0	0	25.5	21543.44	1309.72
17	455	234.8	129.9	129.7	25.1	0	0	0	0	0	25.5	20628.08	1209.34
18	455	335.6	129.3	129.5	25.1	0	0	0	0	0	25.5	22412.14	1432.61
19	455	437.7	128.5	128.3	25.0	0	0	0	0	0	25.5	24214.19	1781.65
20	455	454.5	127.3	129.7	150.0	21.9	25.1	11.6	0	0	25.3	30580.29	2565.63
21	455	454.2	129.2	129.5	60.6	20	26.4	0	0	0	25.1	27282.76	2162.74
22	455	455	0	0	119.0	20.2	25.0	0	0	0	25.5	22588.99	2062.84
23	455	394.5	0	0	25.0	0	0	0	0	0	25.5	17568.22	1447.89
24	455	319.5	0	0	0	0	0	0	0	0	25.5	15284.10	1194.82

表 6-10　　　　　　考虑接入风电情况下 10 机系统排放最小情况的细节

时间 (h)	发电机组										风电 (MW)	系统费用 (美元)	排放量 (kg)
	1	2	3	4	5	6	7	8	9	10			
1	206.3	206.3	0	130	131.9	0	0	0	0	0	25.5	15235.41	489.89
2	197.6	197.6	0	130	119.3	80	0	0	0	0	25.5	17047.33	515.82
3	207.5	207.5	69	130	130.5	80	0	0	0	0	25.5	19866.51	594.50
4	233.3	233.3	88	130	159.9	80	0	0	0	0	25.5	21153.84	731.29
5	251.25	251.25	100	130	162	80	0	0	0	0	25.5	22023.14	807.68
6	288.25	288.25	126	130	162	80	0	0	0	0	25.5	23749.39	986.12
7	311.25	311.25	130	130	162	80	0	0	0	0	25.5	24615.05	1100.24
8	336.25	336.25	130	130	162	80	0	0	0	0	25.5	25481.39	1232.09
9	350.3	350.3	130	130	162	80	72	0	0	0	25.4	28993.57	1603.28
10	371.4	371.4	130	130	162	80	75	55	0	0	25.2	31463.32	1998.59
11	369.6	369.6	130	130	162	80	74	55	55	0	24.8	33573.74	2257.81
12	366.8	366.8	130	130	162	80	75	55	55	55	24.4	35608.75	2526.51
13	371.7	371.7	130	130	162	80	75	55	0	0	24.6	31437.18	2000.52
14	350.25	350.25	130	130	162	80	72	0	0	0	25.5	28496.23	1602.99
15	336.25	336.25	130	130	162	80	0	0	0	0	25.5	25481.39	1232.09
16	369.25	369.25	114	130	162	80	0	0	0	0	25.5	25846.20	1410.71
17	251.25	251.25	100	130	162	80	0	0	0	0	25.5	22023.14	807.68
18	288.25	288.25	126	130	162	80	0	0	0	0	25.5	23749.39	986.12
19	336.25	336.25	130	130	162	80	0	0	0	0	25.5	25481.39	1232.09
20	371.35	371.35	130	130	162	80	75	55	0	0	25.3	31728.18	1998.27
21	350.45	350.45	130	130	162	80	72	0	0	0	25.1	28616.21	1604.71
22	223.4	223.4	110	130	148.7	80	59	0	0	0	25.5	23085.25	960.3582
23	243.25	243.25	96	130	162	0	0	0	0	0	25.5	19471.35	707.6017
24	215.5	215.5	74	130	139.5	0	0	0	0	0	25.5	17660.28	565.99

　　不同条件下获得的 Pareto 最优解的对比分析如图 6-16 所示，图中展示了风电接入情况下不同条件对 Pareto 最优解集的影响。图中 Case1 为风电接入且考虑爬坡约束、阀点效应和拟合函数，Case2 为在 Case1 的基础上不考虑爬坡约束，Case3 为在 Case1 的基础上费用函数不考虑阀点效应，排放函数不考虑拟合函数。

　　从图 6-16 可以看出，Case2 和 Case3 的 Pateto 最优解结果都要好于 Case1，这说明爬坡约束、阀点效应和拟合函数都对模型产生了不可忽视的影响，而从 Case2 和 Case3 的比较中可以发现，阀点效应和拟合函数对系统成本和排放的影响要强于爬坡约束的影响。

　　（2）第二种情况：接入风电且考虑风电功率预测偏差和交流网络约束对系统的影响。接入交流网络后，由于负荷和各机组上下限都扩大 3 倍，此时将接入的风电规模也相应扩大到额定功率为 80MW，置信区间为 80% 情况下出力上、下限，计划出力和预测出力情况如图 6-17 所示。为了更好地分析交流网络接入后风电的不确定性对系统发电成本和排放的影响，

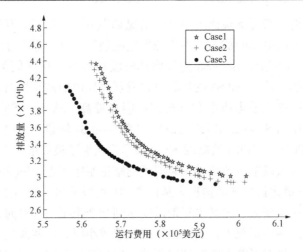

图 6 - 16　不同条件下获得的 Pareto 最优解的对比分析

分析了不同场景和策略的多种组合情况，以及采用不同场景和策略组合获得的系统最优折中解对比情况（此时风电场接入系统节点 12）。不同场景和策略组合情况见表 6 - 11，不同场景和策略组合情况下最优折中解情况如图 6 - 17 所示。

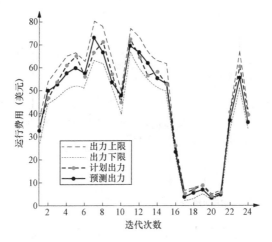

图 6 - 17　置信区间为 80% 情况下出力上、下限，计划出力和预测出力情况

表 6 - 11　　　　　　　　　　不同场景和策略组合情况

编号	风电接入情况	网络约束	采用策略	置信区间取值
S1	未接入	不考虑	无	无
S2	接入	考虑	NARPCV	无
S3	接入	考虑	NARPCV	80%
S4	接入	考虑	ARPCV	80%
S5	接入	考虑	ARPCV+GOLI	80%
S6	接入	考虑	ARPCV+GOLI	95%
S7	接入	考虑	ARPCV+GOLI	99%

　　不同场景和策略组合情况下最优折中解的情况如图 6-18 所示，从图 6-18 中 S1 和 S2 的比较可以发现，随着风电场的加入（不考虑风电波动性），S2 的运行费用和排放都明显低于不考虑风电接入的 S1 情形。S3～S5 为考虑风电波动性且置信区间为 80％时，不同策略组合获得的最优折中解，从 S2 和 S3 的比较可以发现，风电的波动性对发电成本和排放有明显影响，此时 S3 相比 S2 在发电成本和排放都有明显提高。从 S3～S5 的比较中可以发现，没有采用 ARPCV 策略的 S3 场景比采用 ARPCV 策略的 S4 场景在发电成本和费用上都有明显下降，而采用 ARPCV＋GOLI 策略的 S5 场景尽管获得了最好解，但和 S4 场景优化结果相差不大，这与没有接入风电时的两种策略得到的结论基本相近。S6 和 S7 分别是置信区间取 95％和 99％情况下最优折中解的情况。从图 6-18 可以看出，随着置信区间的不断变大，系统的费用和排放都逐渐变大，尤其当置信区间达到 99％接近 100％时，系统发电成本和排放会有一个迅速增加。一般情况下，当置信区间设置较小时，一些风电波动的极端情况可能无法包含，使得优化结果有可能和实际情况不符，但如果置信区间设置较大（希望尽可能多地包含风电所有场景），则系统成本和排放会有一个急剧增加，优化结果过于保守，当置信区间接近 100％时，有可能导致优化无解的情况发生，因此置信区间合理的设置十分重要，通常置信区间设置为 80％～95％较为合适。

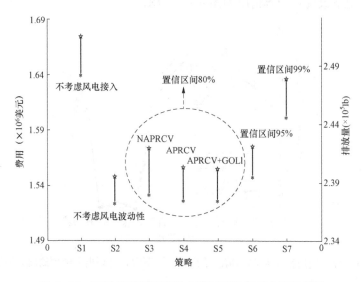

图 6-18　不同场景和策略组合情况下最优折中解的情况

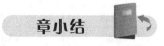

　　本章对第四章给出模型的求解方法进行了深入研究，相关总结如下：

　　（1）采用 Benders 分解策略将原问题分为多目标机机组组合主问题和非线性规划子问题，探讨了不同场景下机组约束子问题和网络约束子问题的处理方法，并给出了主子问题交替迭代求解框架。主子问题间的交替迭代求解体现了有功和无功间的关联，以及不同目标之间的折中与协调。

　　（2）提出一种能降低主子问题迭代次数和提高模型求解效率的方法。首先，在主问题的初始求解中引入 DCPF 模型，通过增加初始解的合理性提高求解速度；其次，在子问题中引入无功控制变量形成一个类似于无功优化的非线性规划模型，用于消除或减小 Benders Cut，减少主子问题的迭代次数提高整体收敛性。

（3）考虑到模型中目标间具有的博弈性，在第三章多目标算法的基础上设计出一种新的博弈算子，用于引导种群逼近 Pareto 最优真实前沿，并采用初始解预处理机制加速算法收敛。

（4）仿真结果从不同的角度验证了所给策略和算法在求解模型时的优势。不同算法比对表明，带博弈算子的多目标算法具有更好的执行效率且鲁棒性强。策略比对表明，主子问题交替迭代时无论是否考虑风电，无功控制变量的引入都能减小 Benders Cut，在提高模型收敛性的同时获得更好的优化效果。

第七章　总结与展望

一、内容总结

本书围绕电力系统有功和无功经济调度的建模、控制和求解进行了一系列的研究和探讨。从有功经济调度出发，研究了有功动态经济调度的快速求解方法，无功优化精细化控制策略和求解方法、参数智能辨识方法，以及新能源接入背景下考虑环境因素的多目标机组组合问题的建模和求解方法，并借此阐述了有功和无功之间的关联及多目标间的折中与协调。本书的主要结论如下：

（1）提出一种基于动态搜索策略的改进差分进化算法求解动态经济调度模型，应用基于多目标概念的约束处理方法来克服传统罚函数法处理约束时的缺陷，并对种群中不可行个体采用一种根据机组调节能力按比例分摊约束违反量的预处理策略加快收敛。仿真采用三个不同的标准算例进行分析，计算结果显示，相比其他算法，本书提出算法获得了最好的优化解和最好的优化平均解，且平均解好于其他算法的最优解，这表明算法的鲁棒性较强。尽管在最优解的比较中出现了和个别算法的计算结果相差不大的情况，但从整体优化结果来看，随着模型规模变大和模型复杂性增强，本书所提算法优势突显，这也表明了算法自身具有较好的适应性和成长性。

（2）提出一种基于母线负荷预测的母线负荷波动处理方法，采用一种多目标无功优化松弛模型来改善预测控制中出现的电压越限和收敛性差的问题，并在第二章提出算法基础上进一步给出一种基于解集动态分析的多目标混沌差分进化算法，提高多目标模型的求解效率。标准数据仿真结果表明，本书给出的多目标优化算法在最优解集、外部解收敛性和解集均匀性等方面均好于经典多目标算法；真实电网数据仿真表明，精细化控制方法相比传统控制方法，能进一步减小电压偏差和网损，并提高优化收敛率。此外，书中还就松弛变量 ω、斜率 α 对控制效果的影响进行了深入探讨，并给出了斜率 α 较为合适的取值范围，而松弛变量 ω 的取值则应根据负荷的变化情况进行设置。

（3）提出一种基于数据关联挖掘的无功优化参数智能辨识框架，采用基于斜率分段归并的曲线划分策略对预测负荷曲线进行智能划分，并给出一种标准化 ED - DTW 混合策略实现曲线间的相似度匹配，最终通过设计一种快速挖掘算法提高整体挖掘效率。仿真采用实际电网数据并分析了整个挖掘过程，挖掘结果表明，参数辨识框架能自动对预测曲线进行合理划分并根据历史数据给出各参数的设置结果，和传统算法的设置结果相比，本书所提挖掘算法在设备总动作次数相同的情况下获得了更小的电压偏差和更高的电压合格率；不同数据规模的仿真结果则表明改进挖掘算法取得了更加明显的速度优势。

（4）提出一种考虑环境因素且带交流约束条件的电网多目标最优机组组合模型并对其进行求解。建模部分以风电为代表，建立了考虑环境因素和风电运行成本的多目标模型，并引入交流潮流约束，体现了无功电压特性。求解部分采用 Benders 分解融合博弈论思想，通过在子问题模型中引入无功控制变量提高模型整体收敛性和求解效率。仿真采用标准算例进行分析，风电未接入情况的仿真结果表明，带博弈算子的多目标算法具有更好的执行效率和求解精度且鲁棒性强；风电接入情况的仿真结果则表明当主子问题交替迭代时，无论是否考虑风电的接入子问题中无功控制变量的引入都能减小 Benders Cut，在提高模型收敛性的同时获得了更好的优化效果。此外，还对约束条件和置信区间的变化对 Pareto 最优解集的影响进行了分析，结果表明阀点效应和拟合函数对系统成本和排放的影响要强于爬坡约束的影响，而置信区间的设置则不宜过大。

二、未来展望

本书虽然取得了一些研究成果，但由于时间限制和研究问题的复杂性，仍有以下问题需日后进行进一步深入的研究和探讨：

（1）无功优化方面。近年来随着直流输电及新能源发电规模日益增大，传统机组供电占比显著减少，导致电网无功电压调节能力不断下降，与此同时分布式新能源、储能及新型柔性负荷占比不断增加，其无功调节能力没有得到充分利用。因此，如何在传统无功优化的基础上，通过构建多类型资源接入下的电网无功电压协调控制体系，实现新能源、储能及柔性负荷参与电网无功电压协调控制等问题，还需要深入分析和研究。

（2）多目标机组组合建模方面。由于本书采用风电为代表进行讨论，因此其他新能源（如光伏发电、电动汽车等）模型可以加到本书提出的模型中来进一步进行探讨。此外，本书所提模型未涉及对电网中无功储备的影响，尤其是多种新能源接入情况下，能源的随机性对无功补偿设备动作的影响等，这些问题还应继续分析和深入探讨。

（3）多目标优化求解方面。本书对含复杂约束条件的非线性多目标模型的求解问题进行了初步的研究和探讨，但随着新型电力系统的发展，在实际电网中多目标优化问题已不局限于静态分析，而要向动态多目标优化问题发展，且现实场景中动态优化问题更加多样化。目标函数、约束条件、决策变量个数和目标函数个数等都可能随时间变化而发生改变，这要求动态多目标优化问题能完成实时处理，需要提高求解速度和求解灵活性，这方面的内容今后还需要深入分析和研究。

附录 A　10 机系统相关参数

10 机系统相关参数见表 A1～表 A5，IEEE39 节点系统图如图 A1 所示。

表 A1　10 机系统发电机燃煤和排放系数

单元	a_i	b_i	c_i	e_i	h_i	α_i	β_i	γ_i	ξ_i	λ_i
G1	1000	16.19	0.00048	450	0.041	42.90	−0.5112	0.0046	0.25470	0.01234
G2	970	17.26	0.00031	600	0.036	42.90	−0.5112	0.0046	0.25470	0.01234
G3	700	16.60	0.00200	320	0.028	40.27	−0.5455	0.0068	0.24990	0.01203
G4	680	16.50	0.00211	260	0.052	40.27	−0.5455	0.0068	0.24800	0.01290
G5	450	19.70	0.00398	280	0.063	13.86	0.3277	0.0042	0.24970	0.01200
G6	370	22.20	0.00712	310	0.048	13.86	0.3277	0.0042	0.24970	0.01200
G7	480	27.74	0.00079	300	0.086	330.0056	−3.9023	0.0465	0.25163	0.01215
G8	660	25.90	0.00413	340	0.098	330.0056	−3.9023	0.0465	0.25163	0.01215
G9	650	27.20	0.00222	270	0.098	350.0056	−3.9524	0.0465	0.25475	0.01234
G10	670	27.79	0.00173	380	0.094	360.0012	−3.9864	0.0470	0.25475	0.01234

注　a_i、b_i、c_i、e_i、h_i 为第 i 台机组的费用系数；α_i、β_i、γ_i、ξ_i、λ_i 为第 i 个火电机组的排放系数。

表 A2　10 机系统发电机参数

单元	$P_{\max}$	$P_{\min}$	hsc_i	csc_i	t_i^{cold}	$T_{i,on}^{\min}$	$T_{i,off}^{\min}$	初始状态	RU_i	RD_i
G1	455	150	4500	9000	5	8	8	8	160	160
G2	455	150	5000	10000	5	8	8	8	160	160
G3	130	20	550	1100	4	5	5	−5	100	100
G4	130	20	560	1120	4	5	5	−5	100	100
G5	162	25	900	1800	4	6	6	−6	100	100
G6	80	20	170	340	2	3	3	−3	60	60
G7	85	25	260	520	2	3	3	−3	60	60
G8	55	10	30	60	0	1	1	−1	40	40
G9	55	10	30	60	0	1	1	−1	40	40
G10	55	10	30	60	0	1	1	−1	40	40

注　$P_{\max}$、$P_{\min}$ 分发电机有功功率的上、下限；hsc_i、csc_i 分别为机组的热启动和冷启动费用；$T_{i,on}^{\min}$、$T_{i,off}^{\min}$ 分别为机组 i 的最小开机时间和停机时间；RU_i、RD_i 分别为第 i 台机组的上调速率限值和下调速率限值。

表 A3　　　　　　　　　　　　10 机系统 24h 系统负荷数据

时间（h）	1	2	3	4	5	6	7	8	9	10	11	12
负荷（MW）	700	750	850	950	1000	1100	1150	1200	1300	1400	1450	1500
时间（h）	13	14	15	16	17	18	19	20	21	22	23	24
负荷（MW）	1400	1300	1200	1050	1000	1100	1200	1400	1300	1100	900	800

表 A4　　　　　　　　　　　　10 机系统预估补偿容量

补偿节点	各时间段补偿设备的预估容量（Mvar）																								容量范围
	1	2	3	4	5	6	7	8	9	10	11	12	13	14	15	16	17	18	19	20	21	22	23	24	[−20，20]
7	0	0	0	0	0	0	0	0	10	20	20	20	20	10	20	20	20	10	0	0	0	10	10	10	[−20，20]
8	0	0	0	0	0	0	0	0	10	20	20	20	20	10	20	20	20	10	0	0	0	10	10	10	[−20，20]
16	0	0	0	0	0	0	0	0	10	20	20	20	20	10	20	20	20	10	0	0	0	10	10	10	[−20，20]
18	0	0	0	0	0	0	0	0	10	20	20	20	20	10	20	20	20	10	0	0	0	10	10	10	[−20，20]
24	0	0	0	0	0	0	0	0	10	20	20	20	20	10	20	20	20	10	0	0	0	10	10	10	[−20，20]

表 A5　　　　　　　　　　　　风 机 部 分 参 数

c	k	v_{in}	v_{out}	v_r	W_r	d_j	$k_{p,w,j}$	$k_{r,w,j}$
5.5	1.89	3	25	12.5	3	0	5	7

注　c 为尺度参数；k 为形状产生；v_{in}、v_{out}、v_r 分别为切入风速、切出风速和额定风速；W_r 为额定功率；d_j 为第 j 个风电机的直接费用系数；$k_{p,w,j}$ 为第 j 台风电机组的低估惩罚系数；$k_{r,w,j}$ 为第 j 台风电机组的高估惩罚系数。

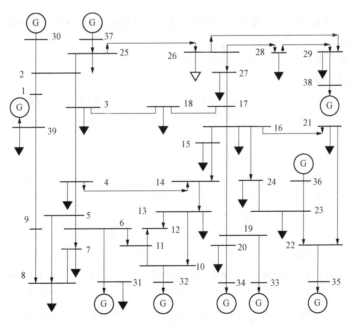

图 A1　IEEE39 节点系统图

参 考 文 献

[1] Chen Guangyu, Zhang Xin, Wang Chunhu, et al. Research on Flexible Control Strategy of Controllable Large Industrial Loads Based on Multi—source Data Fusion of Internet of Things [J]. IEEE ACCESS, 2021, 9: 117358 - 117377.

[2] Chen Guangyu, Ding Xiaoqun. Optimal economic dispatch with valve loading effect using self - adaptive firefly algorithm. Applied Intelligence, 2015, 42 (2): 276 - 288.

[3] Chen Guangyu, Ding Xiaoqun. An Improved Differential Evolution Method Based on the Dynamic Search Strategy to Solve Dynamic Economic Dispatch Problem with Valve - Point Effects. 2014, Abstract and Applied Analysis, 175417.

[4] 陈光宇, 孙叶舟, 江海洋, 等. 基于 DIndRNN＿RVM 深度融合模型的 AGC 指令执行效果精准辨识及置信评估研究 [J]. 中国电机工程学报, 2022, 42 (5): 1852 - 1866.

[5] 陈光宇, 吴文龙, 戴则梅, 等. 计及故障场景集的风光储混合系统区域无功储备多目标优化 [J], 电力系统自动化, 2022, 46 (17): 194 - 203.

[6] 陈光宇, 张仰飞, 郝思鹏, 等. 基于关联挖掘的无功优化关键参数智能辨识方法 [J]. 电力系统自动化, 2017, 41 (23): 109 - 116.

[7] 陈光宇, 张仰飞, 郝思鹏, 等. 基于负荷趋势判断的无功优化精细化控制方法及求解策略研究 [J]. 电网技术, 2018, 42 (4): 1259 - 1265.

[8] 陈光宇, 张仰飞, 郝思鹏, 等. 基于解集动态分析含风电接入的多目标机组组合研究 [J]. 电力自动化设备, 2018, 38 (7): 97 - 107.

[9] 陈光宇, 黄越辉, 张仰飞, 等. 历史数据驱动下基于粗糙集的 AVC 系统关键参数挖掘方法 [J]. 电力自动化设备, 2020, 40 (6): 210 - 217.

[10] 陈光宇, 黄越辉, 张仰飞, 等. 基于博弈策略含风电和机组运行极限约束的多目标优化调度模型及求解 [J]. 太阳能学报, 2020, 41 (7): 372 - 384.

[11] T Anupam, S Dipti, S Deepak, et al. Evolutionary Multi - Objective Day - Ahead Thermal Generation Scheduling in Uncertain Environment [J]. IEEE Transactions on Power Systems, 2013, 28 (2): 1345 - 1354.

[12] R Jabr, A Coonick, B Cory. A homogeneous linear programming algorithm for the security constrained economic dispatch problem [J]. IEEE Transactions on Power System, 2000, 15 (3): 930 - 937.

[13] W M Lin, F S Cheng, M T Tsay. An improved tabu search for economic dispatch with multiple minima, IEEE Transactions on Power System, 2002, 17 (1): 108 - 112.

[14] J B Park, K S Lee, J R Shin, et al. A particle swarm optimization for economic dispatch with nonsmooth cost functions [J]. IEEE Transactions on Power System, 2005, 20 (1): 34 - 42.

[15] A Bhattacharya, P K Chattopadhyay. Biogeography - based optimization for different economic load dispatch problems [J]. IEEE Transactions on Power Systems, 25 (2): 1064 - 1077.

[16] A Banerjee, M Sumit, C Deblina, et al. Teaching learning based optimization for economic load dispatch problem considering valve point loading effect [J]. International journal of electrical power & energy systems, 2015, 73: 456 - 464.

[17] H Dakuo, FL Wang, Z Z Mao. A hybrid genetic algorithm approach based on diffrential evolution for economic dispatch with valve - point effect [J]. International journal of electrical power & energy

systems，2008，30：31 - 38.

[18] A Bhattacharya，P K Chattopadhvav. Hybrid Differential Evolution with biogeography - based optimization for solution of economic load dispatch [J]. IEEE Transactions on Power System，2010，25（4）：1955 - 1964.

[19] J J Cai，Q Li，LX Li，et al. A hybrid CPSO - SQP method for economic dispatch considering the valve point effects [J]. Energy Conversion and Management，2012，53（1）：175 - 181.

[20] K C Mamandur，R D Chenoweth. Optional control of reactive power flow for improvement in voltage profiles and for real power loss minimization [J]. IEEE Transactions on PAS，1981，100（7）：3185 - 3194.

[21] H W Dommel，F W Tinney. Optimial power flow solutions [J]. IEEE Ttransactions on Power Apparatus and Systems，1968（10）：1866 - 1876.

[22] D I Sun，B ASHLEY，B BREWER，et al. Optimal power flow by Newton approach [J]. IEEE Ttransactions on Power Apparatus and Systems，1984（10）：2864 - 2880.

[23] X Yan，VH Quintana. Improving an interior - point - based OPF by dynamic adjustments of step sizes and tolerances [J]. IEEE Transactions on Power Systems，1999，14（2）：709 - 717.

[24] 刘明波，李健，吴捷. 求解无功优化的非线性同伦内点法 [J]. 中国电机工程学报，2002，22（9）：1 - 7.

[25] 刘明波，程莹，林声宏. 求解无功优化的内点线性和内点非线性规划方法比较 [J]. 电力系统自动化，2002，26（1）：22 - 26.

[26] 白晓清，韦化，Katsuki Fujisaw. 求解最优潮流问题的内点半定规划法 [J]. 2008，中国电机工程学，28（19）：54 - 64.

[27] 丁晓群，王艳华，臧玉龙，等. 基于内点法和改进遗传算法的无功优化组合策略 [J]. 电网技术，2004，28（13）：45 - 49.

[28] 沈茂亚，丁晓群，王宽，等. 自适应免疫粒子群算法在动态无功优化中的应用 [J]. 电力自动化设备，2007，27（1）：31 - 35.

[29] 周任军，段献忠，周晖. 计及调控成本和次数的配电网无功优化策略 [J]. 中国电机工程学报，2005，25（9）：23 - 28.

[30] 刘明波，朱春明，钱康龄，等. 计及控制设备动作次数约束的动态无功优化算法 [J]. 中国电机工程学报，2004，24（3）：34 - 40.

[31] 赖永生，刘明波. 电力系统动态无功优化问题的快速解耦算法 [J]. 中国电机工程学报，2008，28（7）：32 - 39.

[32] 蔡昌春，丁晓群，王宽，等. 动态无功优化的简化方法及实现 [J]. 电力系统自动化，2008，32（5）：43 - 46.

[33] 丁涛，郭庆来，柏瑞，等. 松弛 MPEC 和 MIQP 的启发——校正两阶段动态无功优化算法 [J]. 中国电机工程学报，2014，34（13）：2100 - 2107.

[34] 丁晓群，邓勇，黄伟，等. 基于遗传算法的无功优化在福建电网的实用化改进 [J]. 电网技术，2004，28（16）：44 - 47.

[35] 黄伟，邓勇，丁晓群，等. 考虑控制动作顺序的省网电压控制系统 [J]. 电网技术，2007，31（14）：79 - 83.

[36] 孙宏斌，张伯明，郭庆来，等. 基于软分区的全局电压优化控制系统设计 [J]. 电力系统自动化，2003，27（8）：16 - 20.

[37] 孙宏斌，郭庆来，张伯明，等. 面向网省级电网的自动电压控制模式 [J]. 电网技术，2002，26（1）：15 - 18.

[38] 王智涛，胡伟，夏德明，等．东北 500kV 电网 HAVC 系统工程设计与实现 [J]．电力系统自动化，2005，29（17）：85-88.

[39] 苏辛一，张雪敏，何光宇，等．互联电网自动电压控制系统协调变量设计 [J]．电力系统自动化，2009，33（14）：22-26.

[40] 丁晓群，周玲，陈光宇．电网自动电压控制（AVC）技术及案例分析 [M]．北京：机械工业出版社，2010.

[41] 卢锦玲，白丽丽，任惠．基于电压自动控制的智能电网自愈策略 [J]．电网技术，2012，36（6）：27-31.

[42] 王康，孙宏斌，蒋维勇，等．智能控制中心二级精细化规则生成方法 [J]．电力系统自动化，2010，34（7）：45-49.

[43] 孙宏斌，牟佳，盛同天，等．适应两级分布式智能调度控制的变电站高级应用软件 [J]．电力系统自动化，2015，39（1）：233-240.